阅

阅读成就思想……

Read to Achieve

匠心设计 2

跟日本企业学设计经营

[日]日经设计 编著　袁光 译

実践 デザイン・シンキング

中国人民大学出版社
· 北京 ·

图书在版编目（CIP）数据

匠心设计．2，跟日本企业学设计经营 / 日经设计编著；袁光译．—北京：中国人民大学出版社，2019.1

ISBN 978-7-300-26547-6

Ⅰ．①匠…　Ⅱ．①日…　②袁…　Ⅲ．①企业管理　Ⅳ．① TB21　② F272

中国版本图书馆 CIP 数据核字（2018）第 289870 号

匠心设计 2：跟日本企业学设计经营

［日］日经设计　编著

袁　光　译

Jiangxin Sheji 2：Gen Riben Qiye Xue Sheji Jingying

出版发行	中国人民大学出版社		
社　　址	北京中关村大街 31 号	**邮政编码**	100080
电　　话	010—62511242（总编室）		010—62511770（质管部）
	010—82501766（邮购部）		010—62514148（门市部）
	010—62515195（发行公司）		010—62515275（盗版举报）
网　　址	http：//www.crup.com.cn		
	http：//www.ttrnet.com（人大教研网）		
经　　销	新华书店		
印　　刷	北京瑞禾彩色印刷有限公司		
规　　格	148mm×210mm　32 开本	**版　　次**	2019 年 1 月第 1 版
印　　张	7.75　插页 1	**印　　次**	2019 年 1 月第 1 次印刷
字　　数	187 000	**定　　价**	69.00 元

前言

设计思维是日立、雅虎、索尼、雅马哈、国誉、普利司通等日本大型企业十分推崇的一种思考方法。

从设计师与经营者处理问题的思考方法中提炼出来的设计思维，为人们开发新产品与新服务提供了新思路，引领了一场改进工作方法的大革命。此前，除日本以外的很多国家的企事业单位都引入了这种思考方法。如今，日本制造业、流通业、服务业等领域的企业也用这种方法取得了成功。2015 年也被称为“设计思维元年”。设计思维不仅得到了企业经营者和业务主管们的认可，还为设计师们开辟了大有作为的广阔天地。

如今，设计师的职责已经发生了巨大的变化。富士通、日本电气股份有限公司（NEC）等企业把设计师安排在了生产一线，要求他们用设计思维为公司出谋划策、贡献力量。这样一来，设计师就可以通过与基层同事的交流了解客户需求以及设计时的注意事项。这种工作方式不但有益于产品开发，而且能让设计师与各部门员工齐心协力地推动“共创业务”的开展。设计师也成了企业的领头羊。他们不仅要把握会议进程，还要调动与会者情绪，确保任务的顺利完成。

本书是《日经设计》编辑部从 2014 年 5 月刊特辑《实战设计思维》和

2014年11月刊特辑《设计思维革命》[①]中精选的有关设计思维的经典案例集合。同时，为了让读者了解到设计思维的最新动态，又在此书中增加了一些近期案例。

书中不仅总结了设计思维指导实践的要点，还记录了设计师们在座谈会上的发言，指出了设计师们在新时代的职责与使命。本书不仅可以为筹划新工作、开发新产品、寻找新市场的一线工作者提供参考，还能为设计师们献计献策，为他们的工作助一臂之力。一般读者也可以通过阅读此书，加深对设计思维的认识与理解。

日经设计编辑部

① 书的内容以取材时间（2014年5月–12月）为准。

目录

05 创造新世界 / 125

デザイン・シンキング

设计思维对企业经营的重要性

设计思维为何广受推崇

索尼、雅虎、日立等企业都运用设计思维研发出了新的产品和服务。顾名思义，设计思维就是有创造性的思考。从设计师与经营者处理问题的思考方法中提炼出来的设计思维，为人们研发新产品与新服务提供了新思路，引领了一场改进工作方法的大革命。它的出现给人们带来了无限希望。

波士顿、埃森哲等大型咨询公司也对设计思维表现出了浓厚的兴趣。为了让公司里的顾问学习这种思考方法，埃森哲还定期召开有外界人士参与的研讨会。

在设计思维的推广过程中，设计公司也起到了推动作用。美国的 IDEO 公司和日本的 CIA 咨询公司、PLUG 咨询公司都在用它开拓日本的市场。与此同时，建筑、设计行业的企划部门也纷纷在网站上发表它们对设计的见解，力求用设计思维为世人提供新的服务与体验。

既有思考方法的局限性

设计思维早已有之。早在十多年前，IDEO 公司就已经提出了这个概念。可直到 2013 年，各企业才开始关注它，并用它指导新产品的研发与实践。到了 2014 年，越来越多的企业通过运用设计思维取得了喜人的成绩。

设计思维之所以广受推崇是因为人们认识到了既有思考方法的局限性。目前，各企业基本上都是在推测市场动向的基础上，结合自身的技术力量，为消费者提供服务的。以现实数据为依据确实能让人们推测出市场的短期变化，可这种推测只是因循守旧的机械反应而已。

设计思维是从众多设计师的智慧中萃取出来的新思考法。"它不是老套路的延续，而是能够解决问题的新战术。"设计思维研究所所长柏野尊德说道。

以技术和市场动向为根据，注重推理的思考方法被称为"逻辑思维"。关注生活、以人为本的思考方法才是广受推崇的设计思维。

● 设计思维的定义

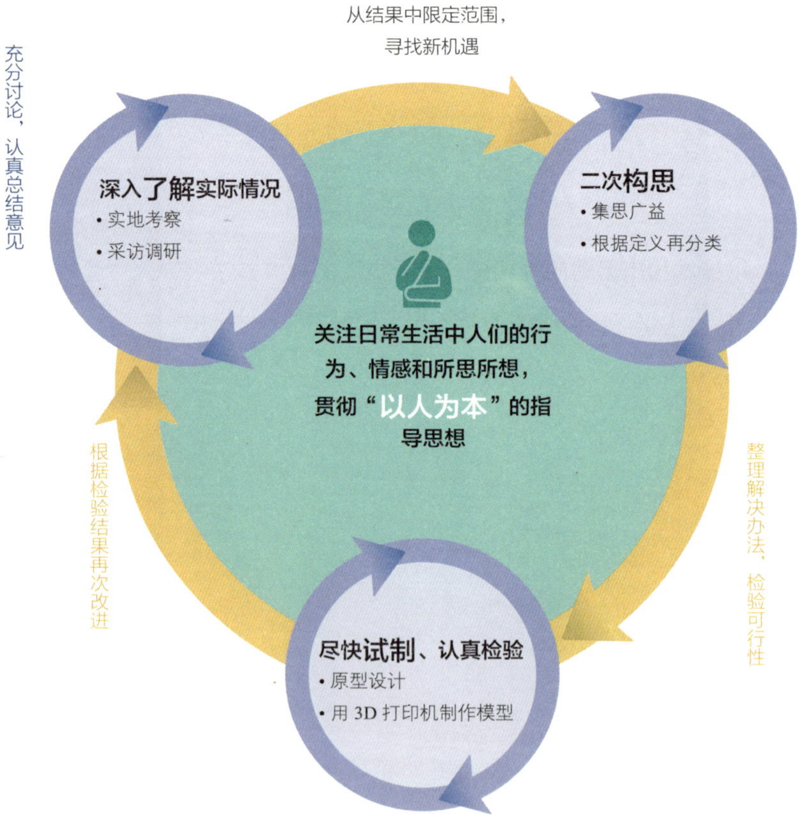
从结果中限定范围，
寻找新机遇
充分讨论，认真总结意见
深入了解实际情况
• 实地考察
• 采访调研
二次构思
• 集思广益
• 根据定义再分类
关注日常生活中人们的行为、情感和所思所想，贯彻“以人为本”的指导思想
根据检验结果再次改进
整理解决办法，检验可行性
尽快试制、认真检验
• 原型设计
• 用 3D 打印机制作模型

● 设计思维被推崇的原因

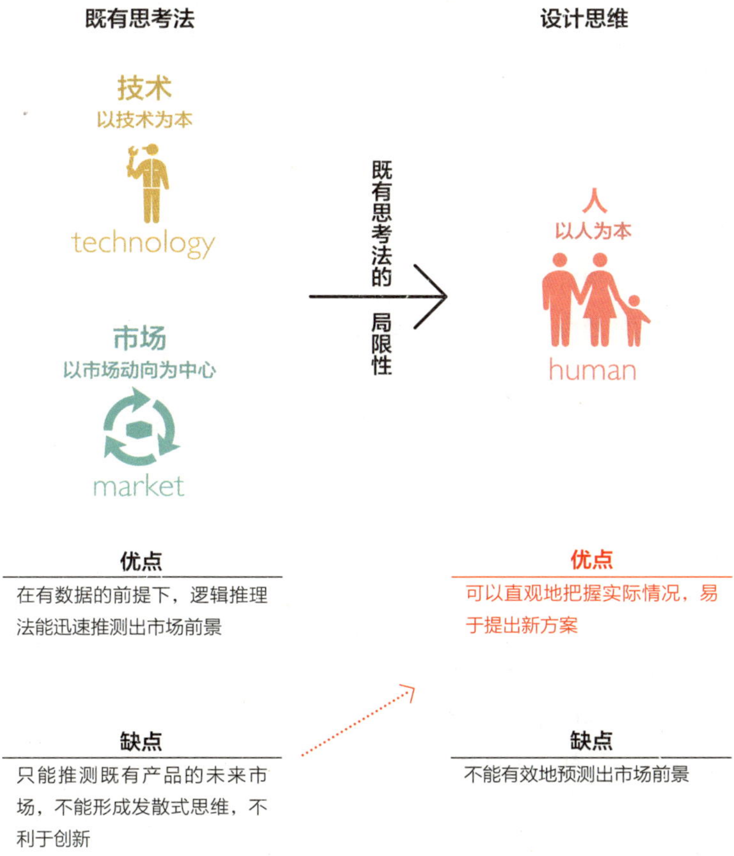
既有思考法
技术
以技术为本
technology
市场
以市场动向为中心
market
既有思考法的局限性
设计思维
人
以人为本
human
优点
在有数据的前提下，逻辑推理法能迅速推测出市场前景
缺点
只能推测既有产品的未来市场，不能形成发散式思维，不利于创新
优点
可以直观地把握实际情况，易于提出新方案
缺点
不能有效地预测出市场前景

设计要以人为本

在设计方案时，既要留心观察消费者的行为、情感和所思所想，也要勤于提问，通过采访调查了解他们的心声。在理解客户需求后，可以先制作一个草案，再带上草案去征求客户意见。之后，根据客户意见反复修改方案，竭尽所能地满足客户需求。

有时候，消费者也许并不知道自己想要的是什么。所以，用逻辑推理法去分析消费者心理可能会无功而返。如果从消费者的需求出发，即便得出的结论不符合市场动向，也一定能提供令人满意的产品与服务。

优秀设计师的提案流程如下：分析、理解客户需求，结合实际情况设计方案，试制产品原型并检验，根据反馈意见改进方案。如果你不理解“设计思维”的意义，就请牢记“以人为本”的理念。

很多日本企业在满足市场需求后确实取得了阶段性的胜利，但过去的成绩并不能代表将来。很多企业在做市场调查时浮于表面，草率地认为调查问卷可以反映消费者的心声。但市场调查并没有那么简单。而且，若不能真正地了解客户需求，就无法向他们提供有价值的产品与服务。

见贤思齐的方法论

是不是只有优秀的设计师才能理解设计思维的真谛呢？答案是否定的。

我们可以通过解析设计思维，了解设计师们的思考方法，掌握他们出谋划策的特点与技巧。设计思维最初是美国斯坦福大学设计学院提出的思考方法。他山之石可以攻玉。我们虽然不是设计师，却可以通过学习他们的思考方法来提高自己的业务水平。除此之外，东京大学的创意学院和庆应义塾大学研究生院的系统设计管理专业共同研发出了有别于前者的新设计思维。东京大学创意学院的横田幸信主任说："在理论结合实践的过程中必须以人为本，同时兼顾技术的辅助价值。"很多业绩优良的日本企业在采用设计思维时，都根据自身特点对其进行了改进，并用改进后的新方法指导了生产实践。

要理解消费者的需求，必须首先做好现场调研与用户采访。然后根据调查结果集思广益，归纳各方观点，锁定目标。这种"分（分组讨论）—总（总结归纳）"法可用于设计思维的各个环节。

在寻找解决方法时，集思广益有利于优中选优。筛选出具有可操作性的方案后就可以进入原型制作环节了。为节省时间，可先用白纸制作出产品原型。这样能迅速地判断出产品原型是否符合设计初衷。接下来，可将产品原型展示给消费者，若不尽如人意就再次改进。只要按这个流程不断改进，就一定能得出令人满意的结果。

东京大学创意学院与在互联网上提供实时视频服务的"schoo WEB-campus"运营商 schoo 合作，于 2014 年 4 月向广大学习者免费推出了传授设计思维的教学视频。高科技手段可以帮助人们加深对设计思维的理解，给更多的企业带来福音。

设计思维对于工作的意义是什么

提高观察力与想象力，
即使不创新技术，
也会有意想不到的收获

改变生产中人与技术、经济等各领域重合的部分

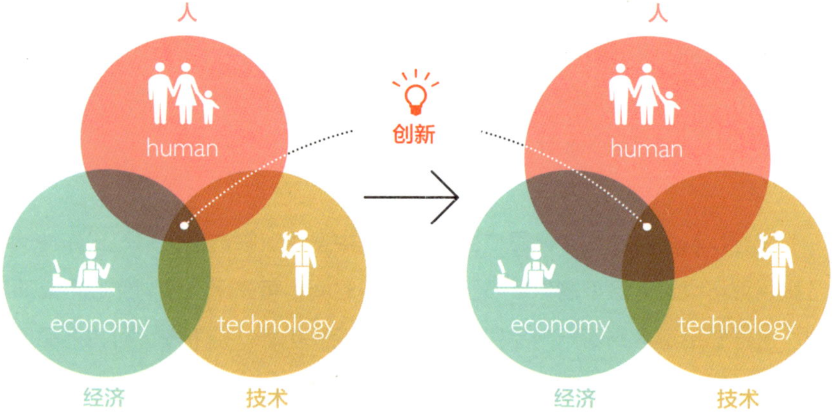

设计师的用武之地

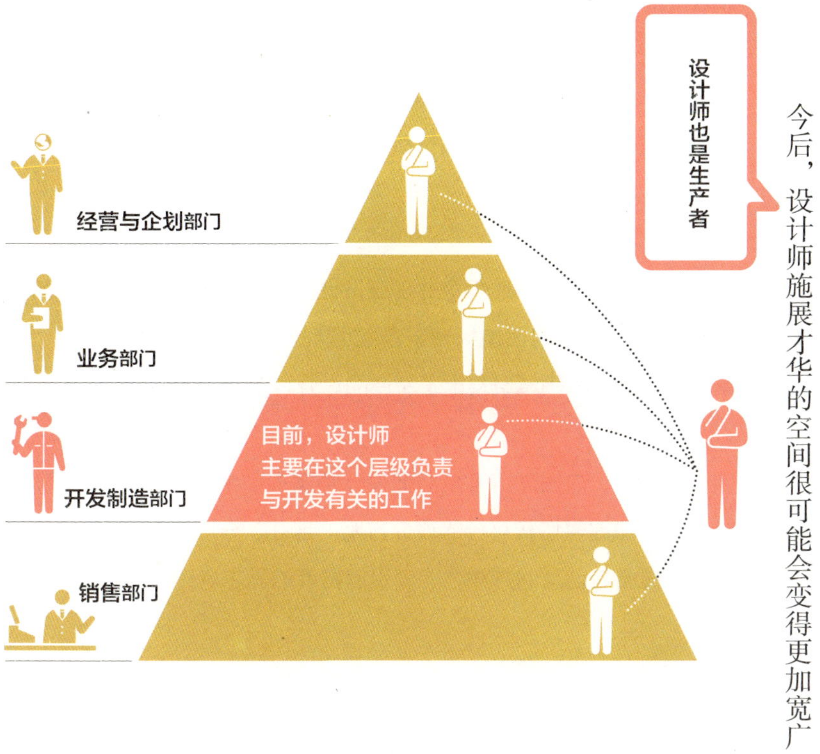
经营与企划部门
业务部门
开发制造部门
销售部门
目前，设计师
主要在这个层级负责
与开发有关的工作
设计师也是生产者
今后，设计师施展才华的空间很可能会变得更加宽广

人见人爱的设计思维

利用设计思维不仅能创造新产品、提供新服务，还能策划出令消费者满意的企划案。可以这么说，设计思维适用于各行各业。

人们可以借助设计思维制订出有新意的方案，解决各种问题，发现新的商机。

雅马哈、国誉、普利司通等企业都在设计思维的指导下取得了丰硕的战果。这些企业的设计师们在市场研发部与营销部发挥了巨大的作用，为乐器、家具、体育器材等领域研发出了新产品，开辟了新市场。

富士通、NEC、内田洋行等企业把设计师派去了生产一线，让他们运用设计思维为消费者提供切实可行的设计方案。现在，一般的服务与产品已经过时了，必须提出有创意的方案才能满足消费者的需求。

推动共创的设计师

《日经设计》杂志的记者在采访推行设计思维的企业后发现，这些企业的工作方法都是共创。共创就是共同创造。它不仅要求公司员工上下一心协同作战，也要求消费者及企业的合作伙伴参与活动、深化讨论，共同把握问题的本质，找到切实可行的解决方案。

● **成功企业的特征是什么**

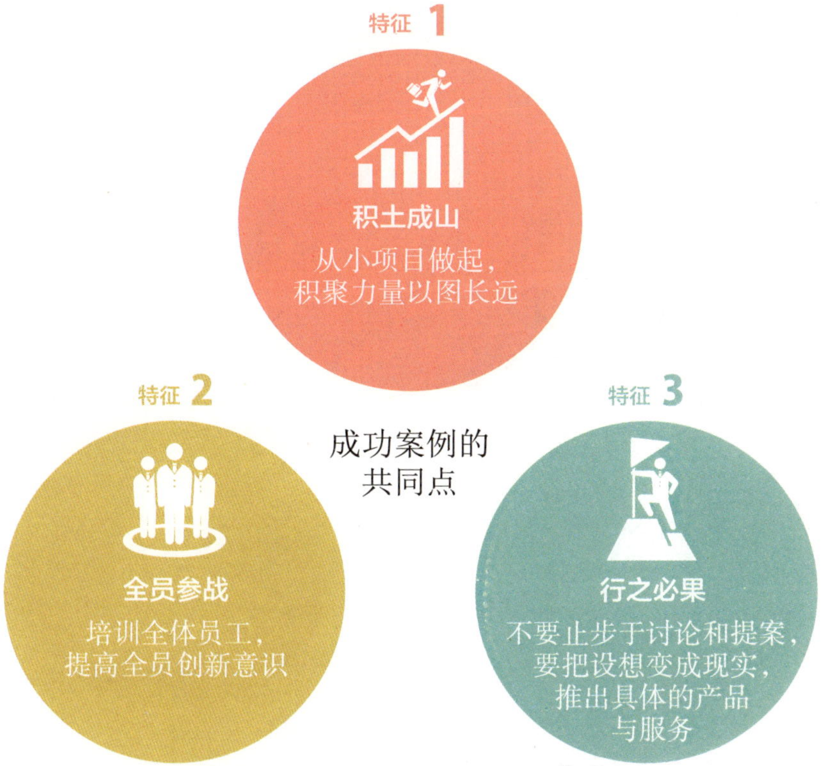
特征 1
积土成山
从小项目做起，
积聚力量以图长远
特征 2
全员参战
培训全体员工，
提高全员创新意识
成功案例的
共同点
特征 3
行之必果
不要止步于讨论和提案，
要把设想变成现实，
推出具体的产品
与服务

● 现在，很多企业都在大力推行设计思维

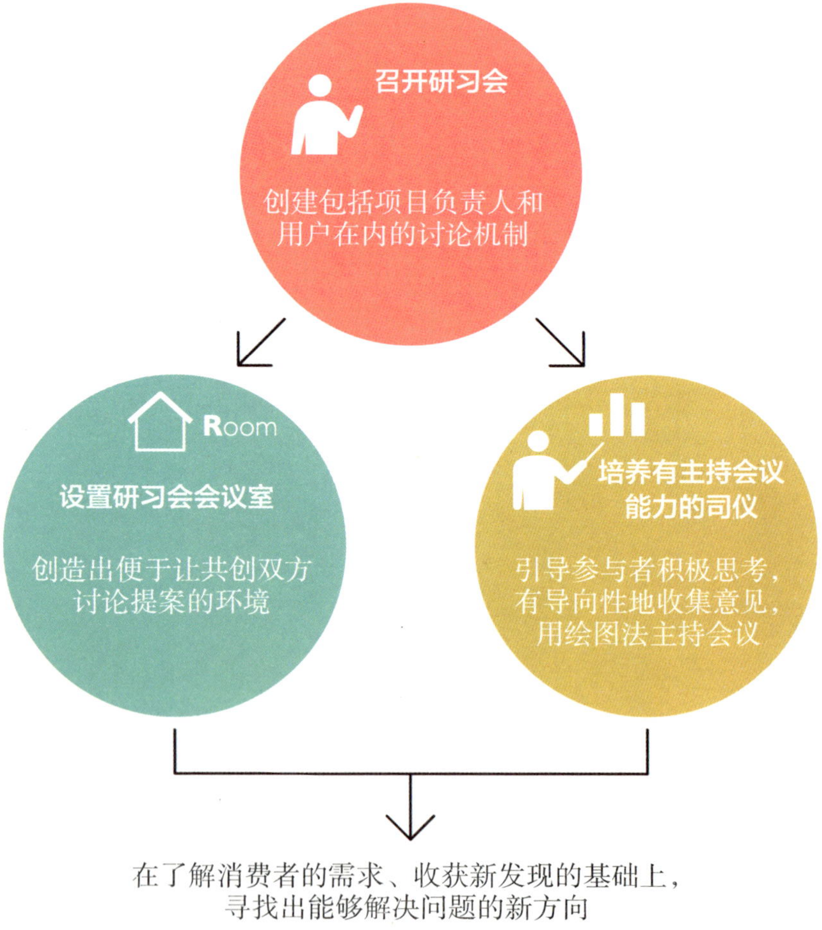

只有通过这种工作方法才能真正地满足消费者的需求，创造新价值。共创对设计思维的“理解”“构思”“原型制作”等环节起到了辅助与促进的作用。

在推行“共创”的过程中，各企业都认识到了召开研习会的重要性。而设计师的工作就是在总结与会者意见的基础上，提出解决方案。大家为了设计齐聚一堂，共商对策。设计就像一瓶胶水，将各界人士联系在了一起。在不久的将来，设计师一定会以主持人的身份出现在研习会会场中。

雅马哈、富士通、富士施乐等企业还准备了研习会会议室。与一般的会议室不同，这种会议室既方便大家讨论议案，又可以用来招待客户，是提高业绩的有力保障。

如何让大家接受设计思维

然而，设计思维的推行也并非一帆风顺。日本经济产业省[①] 2014 年 7 月公布的《为提高国际竞争力而导入设计思维的企业运营实态调查》表明，企业在推行设计思维时经常会遇到两大难题：

一是如何提高人们对设计思维的理解与认同；二是如何运用设计思维取

① 日本经济产业省隶属日本中央省厅。前身是通商产业省。它负责提高民间经济活力，使对外经济关系顺利发展，确保经济与产业得到发展，使矿物资源及能源的供应稳定而且保持效率。——译者注

得更好的成绩。这两大难题均表明，让大家认可设计思维是非常重要的。

我们在采访时也常常能听到被采访者的肺腑之言：“我理解有什么用，老板不买账。”“当被问及如何才能用这种方法提升业绩时，我竟无言以对。”我们认为，只有小试牛刀证明设计思维的可行性，才能打破僵局，将其顺利地引荐给大家。

实地考察，深入了解用户需求

设计思维究竟是如何指导实践的呢？为便于大家理解，本节将为大家介绍实地考察和研习会的全过程。首先，让我们来了解一下设计思维的首要环节——把握消费者的需求。实地考察是指观察并体验消费、生产现场的实际情况，也称为“人种学现场研究”。其目的是通过观察被调查对象的行为习惯，理解其所思所想，并与之达成共识。

《日经设计》杂志记者在推行设计思维的 PLUG 咨询公司及其委托公司小林产业株式会社旗下中正机械公司的协助下，了解到了考察的实态。业绩优良的 PLUG 咨询公司是 I-corporation 设计公司和 CPP 调查公司于 2014 年 7 月合并而成的，其主要业务为设计和调研（详情请见第 3 章）。小林产业株式会社是一家销售螺丝等零部件的商社，其旗下的中正机械公司出售的是专业建材工具。中正机械公司的主打产品之一就是建筑工地上用来切割木料和钢材的旋转式电锯用圆盘锯。锯盘的边缘带有很多刀刃，刀钝刃乏时圆盘锯就会被换掉。锯盘是电锯损耗最大的部分。其使用者多为工地上的工人师傅。中正机械公司订购了各生产厂商制造的圆盘锯，打算将其出售给五金器材专卖店。不过，中正机械公司并不满足于现状，它们有志于创出自己的品牌，开拓市场，提高销量。因此，它们想通过本次会议为自产产品的研发找到方向。它们把包装、销售及产品策划等全部业务都委托给了 PLUG 咨询公司。

2014 年 11 月上旬，小林产业株式会社的董事长桧垣俊行先生和中正机械公司的领导共同参加了由小川亮总经理及其他调查员、设计师主持召开的研习会。小林产业株式会社和中正机械公司的代表们介绍了其项目目标和日本国内圆盘锯市场的情况。会上，委托方还展示了其他公司制造的圆盘锯。圆盘锯的世界市场总值约为 50 亿日元[①]，但日本产品在其中所占的份额却少得可怜。各公司的产品都是由 OEM 代工生产[②]的自有品牌。人们根据圆盘锯的直径、锯盘刃数和切割功能对其进行分类。品种繁多的锯盘把店面装点得琳琅满目。锯盘的价位高低不等，便宜的不过 1000 日元，贵的则会达到几千日元。现在，市面上还出现了既能切割木料又能切割钢铁的两用型锯盘，以及在切口上加入了静音技术的锯盘。有些商家为了让产品脱颖而出，在包装盒的设计和产品命名上大做文章，还有些企业为了造声势，聘请专业设计师打造出了圆盘锯中的“稀世珍品”……

① 1 日元 ≈ 0.06 元人民币。——译者注

② OEM 生产，也称为定点生产，俗称代工（生产），基本含义为品牌生产者不直接生产产品，而是利用自己掌握的关键的核心技术负责设计和研发新产品，控制销售渠道，具体的加工任务通过合同订购的方式委托同类产品的其他厂家生产。——译者注

推行设计思维的 PLUG 咨询公司及其委托公司小林产业株式会社旗下的中正机械公司正在开研习会

小林产业的董事长桧垣俊行先生向大家介绍圆盘锯市场

中正机械公司的领导正拿着圆盘锯向大家做介绍。锯盘的锋利度取决于刃数和角度

PLUG 咨询公司的调查员和设计师针对中正机械公司代表的介绍频频发问。在研习会之前，他们也调查过几家商店，观察过卖场的情况，并向店家提出了锯盘的使用寿命有多长，购买频率有多高等问题。店家回答说："我们平均每年会订购 100 张锯盘，有些工人在工期结束后会立即购买新锯盘。因为工人们的来店时间多为清早开工之前，所以专业用建材专卖店基本上清晨五点就要开张营业了。"虽然包装盒上印有锯盘的直径和刃数等信息，但购买者却不会根据这些信息进行选购。那么，购买者的选购判断标准究竟是什么呢？

探知消费者的需求

为了探知消费者的需求，研习会结束的当晚，PLUG 咨询公司的工作人员请来了几名工人师傅，并组织了小组访谈。PLUG 咨询公司的负责人以主持人的身份向出席圆桌会议的五名工人师傅征集了意见，提出了"你平时是如何使用圆盘锯的""你的选购标准是什么"等问题。中正机械公司和 PLUG 咨询公司的工作人员可以监听到会议室内的谈话。当然，这是在征得工人师傅们同意的前提下才开机摄制的。

这五位工人师傅的年龄和所在工地各不相同。主持人在自报家门之后听取了他们的选购心得。虽然他们多用锯盘切割木料，但更换锯盘的频率却高得惊人。他们说道："锯盘在用过一次之后就会变钝，我经常在工地准备一张备用的。""我会在后备箱中存放 2~3 张锯盘，以备不时之需。"而且，他们的选购判断标准也同样让人感到意外。"我不会买 1000 日元以下的锯盘，

小组访谈。主持人在听取五位工人师傅的意见与心声

因为便宜没好货。”“大厂家生产的正品虽然贵一些，但一分钱一分货，用着放心。”

工人们信赖大品牌产品的原因

锯盘都是由大厂家制造的。因为大厂家出售的都是优质正品，所以也会得到工人们的长期惠顾。实际上，大牌锯盘也是由代工厂家生产制造的。可尽管如此，工人们还是对大牌产品情有独钟。他们说：“我们不看包装盒上的信息，只认厂家。”“我们不碰货架上来路不明的产品。”

看来，改良包装盒、给产品起个响亮的名字等华而不实的方法并不能拓展销路。而且，消费者对多功能锯盘、静音效果好的锯盘也不是很感兴趣。他们的选购标准只有三条，即刃口的锋利程度、锯盘的使用寿命和价格。有的师傅说："我一般会买 2000 日元左右的锯盘，贵一点的顶多三四千日元，8000 日元的锯盘我肯定不买。"

五位工人师傅的观点只是他们的使用心得，并不是他们在把所有商品都用过一遍之后得出来的严谨结论。从以往的经验来看，这种判断方式还是能辨别出来商品的好坏的。因为口碑也是一条有效的判断标准。

访谈结束后，PLUG 公司立即召开了研习会。大家总结出了下列观点："买卖双方的关注点是不同的，访谈让我们受益匪浅。""包装盒上的说明对选购没有帮助。"大品牌的影响力当然不可小觑，可有人提议说："由于消费者注重价格和锯盘的使用寿命，若在包装盒上写下使用效果和刃口的优良程度，就一定能打破只有大品牌才有质量保证的认知。"

商店的圆盘锯专柜品牌云集

顾客俯身寻找货架上的产品。他们关注的是大品牌锯盘的直径及刃数

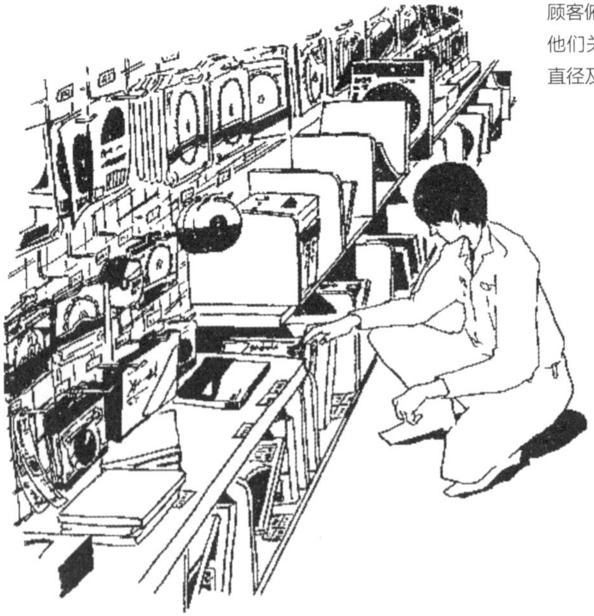

（插图：山浦长闲）

顾客无从了解竖直摆放的包装盒上的信息

也有顾客会看一下外包装简单的产品，但很快就会放回去，最终依然会购买长期信赖的大牌正品

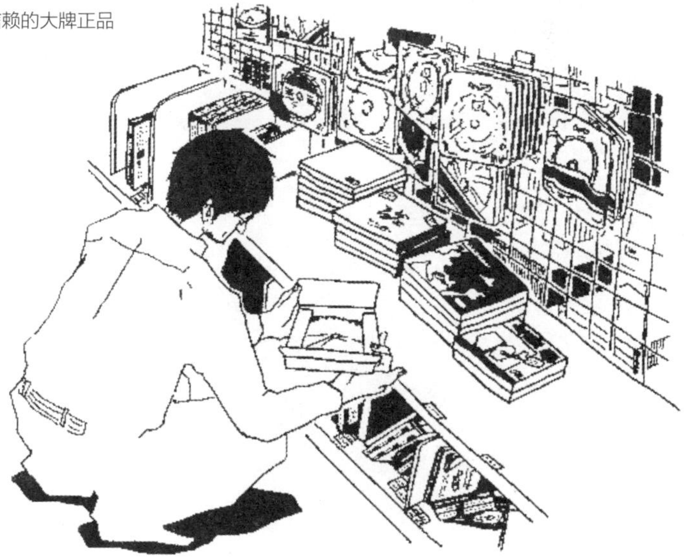

组员们来到施工现场，观察圆盘锯的使用情况

工人师傅每天都会使用电锯。由于锯盘磨损较大，所以工人师傅非常注重产品的品质

按理说位于居民区的施工队会注重降低噪音，但事实并非如此。汽车的后备箱里还存放了很多备用锯盘

大家在研习会上讨论了各个小组的实地考察报告

大家针对发现的问题，提出了各种建议

为方便讨论，大家把解决方案贴在了揭示板上。这样易于明确下个阶段的努力方向

观察清早来店的顾客

次日，组员们去商场考察了顾客们的购物实态。在国贞、工具店、筱崎店等多家商店的协助下，大家不仅观察到了顾客在购物时的肢体动作与视线移动方向，还采访到了他们的购物心得。这些店铺位于东京近郊的路旁，开始营业时间为早上六点。开张没多久，顾客们就纷至沓来。

商店的圆盘锯专柜给人一种杂乱无章之感，在这种情况下，美观的包装与精美的设计并不能引起顾客的注意。那么，顾客是如何选购产品的呢？他们并非漫无目的地将所有产品都审视一遍，而是直接俯身取出货架下方的大品牌产品。而且，顾客只要知道它的直径和刃数，就会放心购买。一般来说，顾客们不会去关注那些没有用过的产品，只会去买用得顺手的大品牌产品。顾客偶尔也会对设计风格简约的产品产生兴趣，但也只是看看而已。在他们看来还是价格实惠最重要。而且，他们并没有发现设计简约的产品有什么独特之处，所以他们还是会习惯性地选择质量有保证的大品牌。

此后，组员们还去施工现场观察了圆盘锯的使用情况。为了便于更换，工人师傅会在汽车的后备箱里存放几张备用锯盘。师傅们说："我们的选购标准就是质优价廉。"

两周后研习会上的大讨论

两周之后，大家再次聚在一起共享信息、集思广益。有的小组提议：

“卖场和包装盒没能向顾客提供有价值的信息”“顾客不看包装盒上的说明，都是听人推荐才决定购买的”。于是，大家建议：“应精简包装盒上的信息”“可以把用户评价写在包装盒上”。根据大家的建议，组员们把构想落到了实处，并结合实际情况讨论了方案的可行性。大家反复修改方案，直至能够实施为止。两家公司按照这个流程顺利地进入了下一阶段。

组织研习会，碰撞出更多提案

设计思维究竟是如何指导实践的呢？为便于理解，本节将为大家介绍研习会的会议流程。本社记者参加了由设计思维研究所主办的为期两天的讲座“向真正的斯坦福大学学习！设计思维博士课程”，了解到了设计思维的本质。该讲座把美国斯坦福大学设计学院的设计思维精品课程浓缩为两天。设计学院把设计思维分为“理解客户需求”“设定课题范围”“创造与构思”“制作原型”“检测反馈”等五个部分。学员们按照这个流程参加了知行合一的研习会，领会了设计思维的精神。

2014 年 9 月中旬，14 名学员参加了在东京开设的设计思维学习班。讲师把学员们分为三组，以小组讨论的形式组织学习。讲座时间为上午十点到下午五点（含午休）。学员们都是来自各企业的领导和业务专员。讲座不仅让他们学到了知识，还让他们收获了友谊。

14 名领导和业务专员参加了研习会

学员们在讨论过程中增进了彼此间的友谊

小组互访。双方在探知了解对方的问题点

在讲座的五个组成部分中，“理解客户需求”部分又被分为若干小节。讲师只为学员们做最基本的讲解，学员们可以把想法与心得记录下来，以小组讨论的方式得出结论。

以互访求共鸣

“理解客户需求”是设计思维的起点，它要求采访者与被采访者就同一问题达成共识，获得新知。其具体操作方法是进行实地考察和采访调查。讲师把两名学员分为一组，让他们互相采访，了解对方的所思所想。采访问题应具体形象，切忌抽象空泛。应在观察对方的行为和态度的基础上深度挖掘他的价值观。不要只听信对方的回答，还要把他的疑惑与沉默一同记录下来。调查课题为“你对工作的看法”。学员应先写下自己的观点，再以互访的形式了解对方。

“设定课题范围”就是根据采访结果来寻找解决办法。应把采访内容分为“发言”和“行为”两部分，在此基础上推知对方真实的想法和态度，并把对方的心声画成图。例如，如果对方说“我讨厌加班”，则表明他在实际生活中很可能“经常加班”。由此可以推知对方既有“想早点回家”的心理，也有“不加班就不能完成工作”的觉悟。在了解调查对象的“需求”后，应探其心声，获得新知。不过，发现了问题不等于就能解决问题。若求之无解，则应返回原点重新思考。讨论过后，各组设定的“课题”涉及“要保证职工的休息时间”“应提高工作效率”“要做到工作家庭两不误”，等等。第一天的讲座到此为止。课后，大家回顾一天的活动，畅谈听课感受。

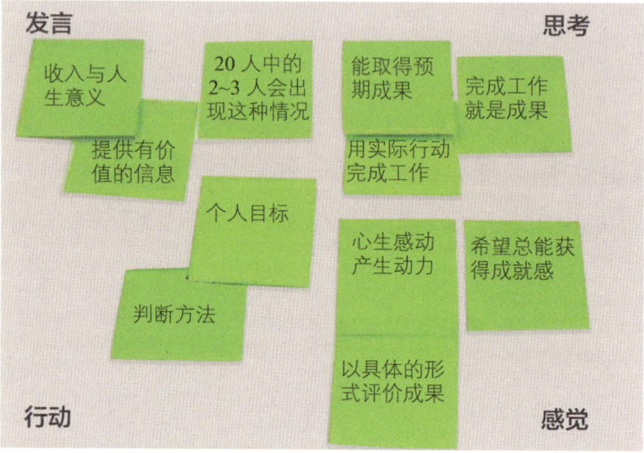

在互访环节，应通过观察对方的言行设定课题

②调查：了解客户需求后的新发现／从客户的人生经历推测其尚未觉察到的需求

· 获知自己参与的活动创造的新价值。

· 做调查不是单纯的数据收集，而是为了通过分析对方的反馈提升自己发现问题的能力。

先写下“客户”“需求”“调查”等几个类目名，再寻找切入点

在寻找解决方案的过程中，应将限定范围设置得宽泛一些，这样可以让人解放思想，找到更多的解决方案

制作原型用的素材多为价格不超过 100 日元的办公用品。迅速地做出原型才是本环节的关键

开发 App 时也可以先“纸上谈兵”

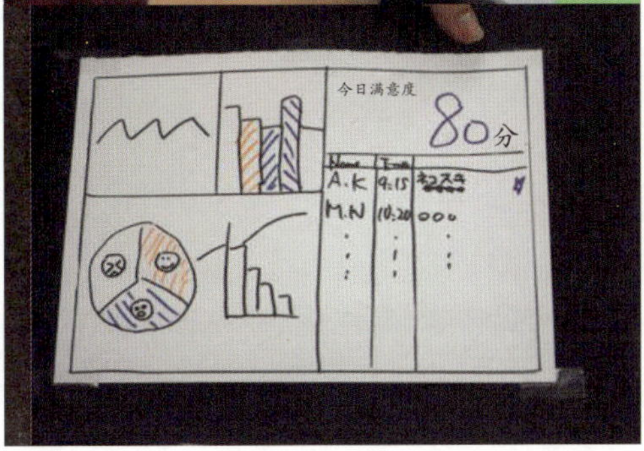

不制作出网页也能验证产品是否便于操作

创造阶段不问构思优劣

次日，大家进入了“创造与构思”环节的学习。在“设定课题”之后，应尽可能多地寻找解决方案。注意，不要在这个环节去评价方案的优劣。构思时间可限定为 20 分钟。学员们把方案写在便笺上，再把便笺分门别类地粘贴在白板上。可以设有预算、技术较为切合实际的方案（具有较高的可行性）、市场前景不明但能给消费者带来惊喜类的方案（具有研发价值），以及史无前例的创新方案（具有创新性）等分类。对方案的详细描述有利于优中选优，提高可实现性。

下一个环节是“试制产品原型”。制作产品原型是为了验证方案的可行性。本阶段的验证不必很详细。若试制原型偏离了设计初衷，可立即对其进行改进。制作产品原型的素材都是售价不超过 100 日元的纸、胶带、绳子、一次性筷子、纸杯、气球等办公用品。大家可以把会场当作办公室，用办公用品进行各种尝试。试制原型是为了方便大家理解，所以做工不精致也不要紧。例如，制作通行路牌和手机页面时，人们不必研发出真正的软件，只要在纸上画出按键和开关做个样子就可以了。学员们应在 15 分钟之内制作出产品原型。

检验可行性

最后一个环节是“检测反馈”。设计者应从客户的角度出发，想象客户在使用时会遇到的问题，根据想象改进产品原型。要尽快完成实验，尽早发现问题。反复改进才能得出令人满意的结果。

在检测过程中，某小组为了解决让职工充分休息的问题，提出了“如何过好双休日”的课题。为了将其形象地表现出来，他们还用绳子和纸制作了一个形似手表的监测器。结果，他们发现监测器过于沉重不便佩戴，且上班族一般都会戴手表出门，不会有人想在手腕上再添个累赘。最终，他们把手表改成了轻便美观的手镯，让方案具有了可行性。而且产品原型的素材费仅为几百日元。

讲座的最后，学员们纷纷展示了各自的研究成果，以及产品原型的使用效果。针对“你对工作的看法”这一课题，学员们还研发出了无固定办公桌的办公室系统，以及能够兼顾工作和家庭的 App。各种奇思妙想一时间百花齐放。

不过，只有好方案还不够，还要考虑市场前景和可实现性。诸如“你有什么新发现”“你学会了什么”“接下来你想知道什么”等具有前瞻性的问题才更值得思考。通过两天的学习，学员们一定会把设计思维应用到各自的工作中去，在工作中孕育出更多的可能性。

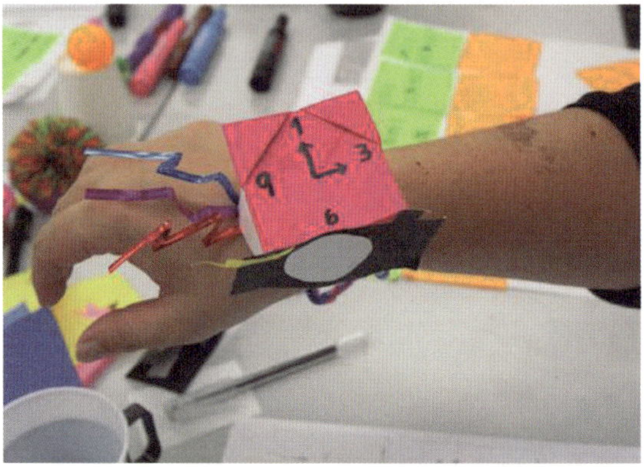

这是某小组发明的“休息日活动监测器”。他们本打算开发出一个多功能“手表”

经检验与改良后，他们去除了监测器的计时功能，不过产品原型依然不便佩戴

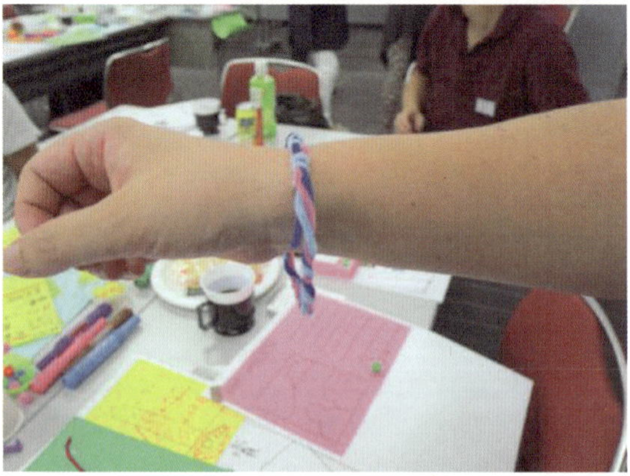

最终，他们开发出了一只轻便美丽的手镯。人们在佩戴时也没有任何不适之感

发表会上，大家分别介绍了各自的研究成果，如“能够兼顾工作和家庭的 App”

发表“休息日活动监测器”的小组表演了使用时可能会出现的问题

这个小组认为，“无固定办公桌式的工作环境会让人觉得自己置身于虚拟世界，易于体验到成功带来的幸福感”

デザイン・シンキング

精心构思每一个项目

如何把理想变成现实

本书第 2 章到第 5 章精选了各大企业的创新设计案例。本章将为大家介绍雅马哈、索尼、理光、普利司通、三菱重工集团等企业的成功经验。这些企业通过研发新产品，向消费者提供了前所未有的服务体验。它们用设计思维指导实践，开辟出了新市场。

2013 年 7 月，雅马哈乐器与音响研发总部为推广设计思维，创建了“初创设计素描（Start-up Sketching）”项目。此外，它们还准备了一间专用会议室和供设计提案用的办公用品。索尼公司也通过运用设计思维于 2014 年 1 月研发出了 4k 超短焦激光投影仪。该产品能在雪白的墙壁上投射出高 1.8 米宽 3 米的影像。试用之后，人们都觉得客厅里再也不需要电视机了。

理光公司于 2013 年 11 月出产的“THETA”相机也是设计思维的产物。只要按一下快门，这款相机就能完成含摄影者本人在内的 360° 拍摄。它就是世界上首例摄像输入设备。普利司通体育公司于 2014 年 9 月发售了新款高尔夫球鞋“BRIDGESTONE GOLF ZERO SPIKE BITER”。普利司通公司将其引以为傲的轮胎技术应用到了新鞋的研制中。在制作新鞋时，它们不仅将越野摩托车红色车胎的车胎纹改造成了鞋底的凸起部分，还用轮胎技术提高了鞋底橡胶的工艺水平。

此外，在能源、环境、交通、运输、机械、设备、航空、太空等众多基础设施领域大有建树的三菱重工集团在攻克“K3”项目时，也用设计思维设计出了与众不同的新型供水设施，给人们带来了新的体验。

让设计思维在三个月一期的项目中生根发芽

雅马哈乐器与音响研发总部的神谷泰史先生于 2013 年 7 月创建了推广设计思维的初创设计素描项目。创建该项目是为了把研发技术应用部门变成业务部门。在推进项目的过程中，神谷主任发现了两个问题。

问题一，设计师的想法无法精准地体现在后期工程上。在研发产品时，雅马哈公司与大多数的生产商一样，都是先由设计师制作工序说明书，再委托生产部门依样加工生产的。但这样的流程无法让生产部门的工作人员原原本本地理解设计师的意图，经常会出现产品和设计驴唇不对马嘴的尴尬结果。

乐器是能发出声音、能传达人类情感的器具。雅马哈公司的员工大多也都是懂音乐的风雅之人。可是，每个人对好音色的理解并不一样。神谷主任说：“工序说明书是无法把设计师的想法传达给大家的。我们一定要对产品设计达成共识。”

问题二，假设验证做得不彻底。假设验证就是“返工”，它是一个让人觉得很麻烦的环节。但神谷主任却认为，检验产品原型对整个研发流程有着无可比拟的重要意义，应该严格把关，坚决执行。

● 启动“初创设计素描”的理由

企划 - 开发 - 生产，这种单程工作模式太过死板

设计师的想法无法在后期工程中体现出来

大家对检验产品原型充满了抵触情绪

以上是神谷主任导入设计思维的原因！

可推广工作的开展却非常困难

为此，他创建了三个月一期的特别项目，希望大家能在参与过程中学会设计思维

神谷主任对业务部的开发流程产生了质疑，这就是启动该项目的原因。尽管神谷主任知道设计思维有利于新产品研发，但他也清楚推广工作的开展会十分困难。所以他决定以立项的形式推动创新

● 设计方案的专用工作室

十月份时，公司新开了一间设计方案专用工作室。大家可以与社外画家在此讨论课题，设计新方案

由 TAKT PROJECT 公司设计

● 聚焦设计思维的若干环节

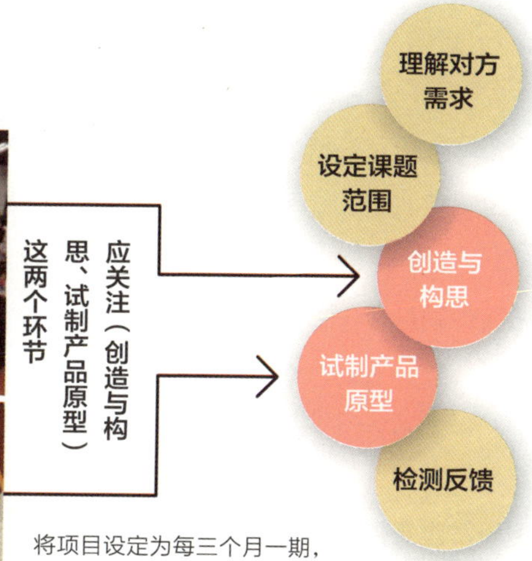

将项目设定为每三个月一期，让员工在项目中学会设计思维的要领。为了做出业绩，应把工作重点放在这两个环节上

● 构想速写图的绘制方法

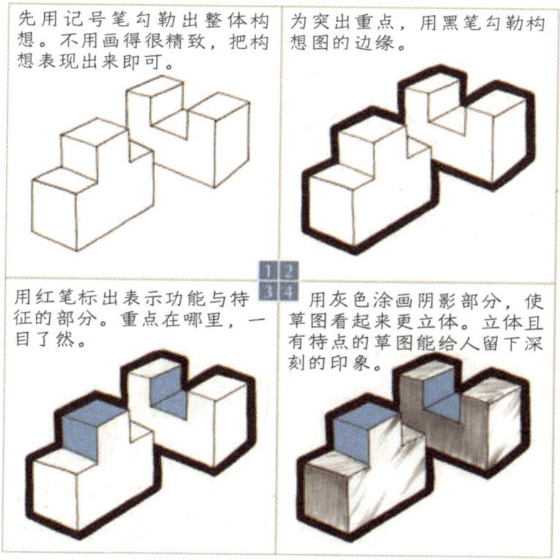

（出自：情报科学艺术大学院大学 绘图：蛭田直）

情报科学艺术大学院大学的小林茂教授和詹姆斯•吉布松副教授认为，虽然人们的绘画天赋各不相同，但只要学会了四笔成形的构想速写，就能绘制出构思简图

然而，上述两个问题都不能在研发现场被及时地更正过来。毕竟，雅马哈公司是一家有着 130 年历史的老企业，多年来的工作模式是不可能在短时间内就能被纠正过来的。

将设想图像化

出于上述考虑，神谷主任决定让各部门的员工在从事本职工作的同时参与到初创设计素描项目中来。他想让大家通过实践掌握设计思维的要领，再用研发出来的产品检验大家的学习成果。神谷主任亲自指导来自业务部、营业部、设计研究所等部门的几十名员工，为他们指出了设计思维的精髓所在。该项目每三个月一期，每期都会邀请部分员工前来学习。

项目的基本流程详见 42 页图。设定主题、创建框架、定义课题为设计思维的主要环节。而初创设计素描项目的特点是“把方案图像化”。神谷主任指出：“图像比语言和文字更具表现力，更容易让人接受。”

教大家绘图的是情报科学艺术大学院大学的小林茂教授和詹姆斯·吉布松副教授。这两位教授认为，虽然人们的绘画天赋各不相同，但只要学会了四笔成形的设想速写法，就能轻松地绘制出简图来。

该方法适合在探讨多个备选方案时使用。由于讨论方案以不记名的形式发表，所以大家可以直抒胸臆，不必顾及彼此的情面。

此外，神谷主任和研发统筹总部第一研发部信号处理组浦谷佳孝主任在参加了设计思维研究所等外部机构开设的各种关于设计思维的讲座和研习会后指出：实践时应根据具体情况选取相应方法。

设计思维的实践方法有很多。如果拘泥于方法，就会陷入“把方法当成目的”的僵局。为了避免这种情况的发生，浦谷主任认为：“想在三个月内做出成绩，就必须做好研习会的主持工作。”所以他才决定参加各种研习会，学习会议的主持方法。

初创设计素描项目自立项起的一年内收获了许许多多的成果。这期间共有七八十名员工参与到项目中来。大家在“达成共识”和“检验假设”等环节积累了丰富的经验，变得更加干练、更加成熟了。通过实践，大家发现用图像表现出来的方案更容易被人接受，并且采访分析法能让调查结果变得更精确。最后，在每期项目结束时，他们都会以报告会、展示交流会的形式让同事们和领导们验收工作成果。有时，业务部会接手在项目中创建出来的方案，对其进行更加深入的讨论。

2016 年 10 月，公司又增设了为与社外画家合作用的新工作室，为未来工作的顺利开展提供了强大的保障。

●三个月一期的初创设计素描

设定主题 → 设定用户 → 定义课题 → 构想速写

定义课题
=
· 采访
· 现场调查（人种学现场研究）
· 分析数据等

一定要把方案图像化！！

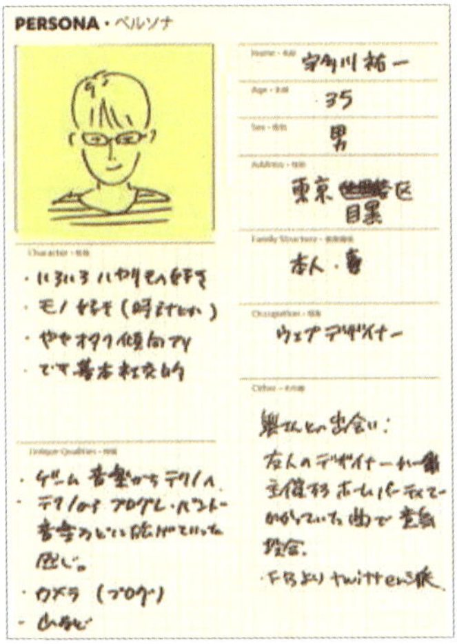

设定假想用户。之后，根据调查得出的结论将数据具体化

展示图像化的解决方案。构想速写法可以让不擅长绘画的人也能绘制出速写图。三个月内，工作人员共得出了 300 多个方案。接下来，大家对方案进行了公示、讨论与筛选，并根据拟定方案进行了试制

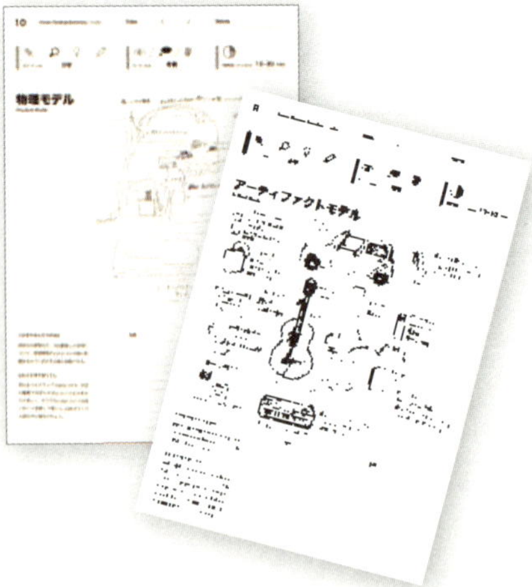

模型分析就是同时分析人造模型和物理模型（注 1）

以报告会、展示交流会的形式让员工和领导们验收工作成果。有时，业务部会接手项目中创建的商品企划案，进行深入探讨

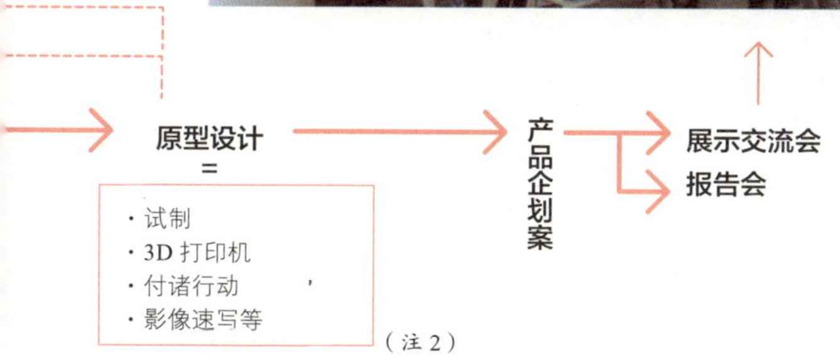

原型设计就是为主题和对象产品选择适当的方法。后期务必制作出能够发出声响的试制品

注 1：人造模型分析就是了解采访对象在使用产品时会作何感想，再把工作人员对用户感想的总结表现出来。物理模型就是表现出物理环境对采访对象的影响

注 2：付诸行动就是让研发人员动起手来，借助工具制作出试制品。行动是指把用户对产品和服务的体验用短剧的形式表现出来

●项目的成果

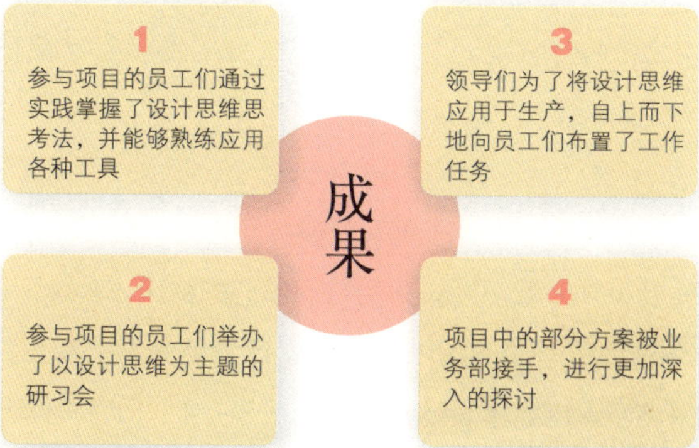

Life Space UX 产品带给人们全新的视觉体验

在没有电视机的起居室里，投射在墙壁上的高 1.8 米宽 3 米的电视节目能让你尽知天下事。

使用过这款产品后，人们都觉得电视机已经过时了。这就是索尼公司于 2014 年 1 月发售的投影仪。这款影音产品之所以能给人们带来强烈的视觉冲击，是因为在画面的正下方有一台投影仪。形似橱柜的投影仪与房间融为一体，是一款毫无违和感的 AV 机。

起居室不再需要电视机

什么样的影音设备才最适合现代人的起居室？这款投影仪就是最佳答案。该项目是由索尼公司的总经理兼最高经营负责人平井一夫先生和以“研发新产品，带给顾客新体验”为目的的 TS 业务准备室产品研发团队共同完成的。

投影仪的研发方法与设计思维有许多共同之处。负责产品研发的 NW 项目高级用户体验策划人增田朋矢先生与同部门的客户体验总企划人齐藤博先生，首先把与本项目有关的国内外室内设计及装修案例都研究了一遍。随后，他们还采访了室内装修设计师和协调员等专业人士，以及普通用户。大家都认为“带有黑色边框的电视机已经过时了”“电视机占据起居室中心的房间布局真是让人受不了”。可见，对室内装修要求越高的人就越不能接受电视机的存在。

同时，研发出4K高清超短焦激光投影技术的技术人员也希望能把这项技术投入生产。于是，索尼公司就研发出了这款外形似橱柜的投影仪。

总经理亲自参与了讨论会

负责产品美术设计的田幸宏崇先生说道：“其实我们早就想研发出一台机体能与室内装修融为一体的投影仪了。可孤掌难鸣，我们一直都没能实现这个理想。”

为了加速创新，深受设计思维影响的企划负责人在做完市场调查后，终于意识到了研发新产品的必要性和紧迫性。

本产品的顺利研发也和领导们的大力支持有着密不可分的关系。负责产品设计的辻田裕介先生说：“平井总经理在讨论实体原型尺寸阶段就参与了本次研发，他的意见决定了产品的设计方向。企业领导能在初始阶段就参与讨论，这还是开天辟地的头一遭。”

“Life Space UX”是为起居室等生活空间提供新影音体验的创意产品。图片中的4K超短焦激光投影仪就是一例。形似橱柜的投影仪存在感极低。开机之后，雪白的墙壁上就会映射出无边框的高清画面

● 开发流程

● 领导确定大方向

平井一夫总经理决定开发出一款不同于既有产品分类的“让大家都喜欢的”产品，并创立了企划研发团队

● 重新思考

什么样的起居室才最能诠释品质生活。产品企划人对起居室的布局做出了全新的思考

● 调查

研发人员访问了本市的室内装修工作室、查阅了各种风格的装修样本，倾听装修业界工作者和顾客的心声：

“做室内装修时，我总觉得电视机和房间整体格格不入。”“电视机占据起居室中心的房间布局真是让人受不了。”可见，大家都认为电视机已经成了不合时宜的电器

创建假设

“我只想在家里看到完美的画面，不想要电视机。”

· 设计师的构想

把家具和 AV 机合二为一，各种产品原型都可以借鉴

领导也参与了原型设计

平井总经理从确定投影仪尺寸的阶段就加入了讨论，大家对方案的意见达成一致后，迅速进入了制作阶段

· 技术

探讨把 4K 高清画面的超短焦激光投影技术投入生产的可能性

产品化

本品于 2014 年夏登陆美国（售价为 3 万 ~4 万美元）

他还说："正因为领导及全体工作人员从设计初期就对产品保持高度的理解和认同，所以大家才能全力以赴地开展项目研发。"设计师在设计投影仪的铝制外壳和配电盘部件时，没有遇到任何阻力，都是按照自己的想法进行设计的。

针对影像尺寸的设定，辻田裕介先生说："为了给用户呈现最好的视觉体验，我们认真对图像的尺寸做了最合理的计算。"

对设计思维的运用，公司上下同心同德，设计出了最好的产品。如果一个好方案只能成为员工们的设计练习而没能推出产品的话，这对经营者来说实在是极大的损失与浪费。

1 2 投影仪的机体是用铝制板制成的。这只与房间融为一体的投影仪由五个部分构成。中间的是投影仪，投影仪两侧的是组合音响。最外边的是调谐器和刻录器

3 4
5

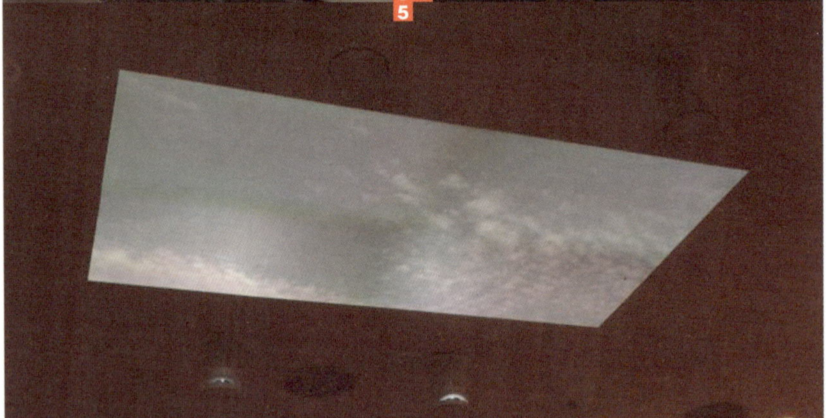

3 吊灯可以投影到桌子上，内部的传感器可以捕捉手势的变化，产生反应。这是触屏式“桌面投影仪”。它可以与餐厅的灯光融为一体，让起居室变得更为和谐

4 5 天井投影仪。将两个或四个投影仪组合在一起就能投射出更大的画面。只要连接普通吊灯用的插座就能开机使用，操作起来既简单又方便

全球首例一次性 360° 全角照相机

THETA 是一款摄影者按一次快门就能把摄影者本人也拍摄进来的 360° 全角照相机。将其联网后，相片可以从相机传送至手机，下载专用 App 即可浏览。于 2013 年 11 月问世的 THETA 被称为“全球首例输入式相机”，它也是设计思维的产物。

研发具有可选择功能的复合机（MultiLink-Panel）是为了提高现有产品的可操作性。在研发过程中，人们也运用了设计思维。2013 年，研发团队把触摸配电盘功能应用于新复合机。一些企业在试用之后，都对新产品做出了很高的评价，并决定购进使用。

理光公司之所以能做出这样的成绩，是因为它们改进了由高层做决策的研发机制。2014 年 4 月，研发流程创新部接管了原综合经营企划部门的综合设计中心。这次机构调整对提高研发效率有着十分积极的意义。

“设计不仅要设计出产品的功能和外形，还要能够体现消费者的体验价值。我们在这种指导思想下创立了有助于项目研发的新机制。”研发流程创新部综合设计中心所长盐田玲树说。

增设“设计指导”岗位

在研发过程中，理光公司新增设了“设计指导”岗位。设计指导在参与研发的同时，还要管理网站和产品目录，以便向消费者准确地描述产品的特征。

THETA 是一款高科技产品，新光学技术的研发是其问世的先决条件。实验表明，把两枚超广角镜片组合在一起就能拍摄出 360° 全角效果。工作人员利用该理论于 2012 年夏启动了这一项目。研发部门还用板纸做出了产品原型。其实，在该技术问世的最初阶段，人们并不知道能用它做些什么。

2012 年 9 月，该项目终于正式投入生产。研发团队事先征求了 IT 行业意见领袖的意见。当时的 360° 全角效果都是用多张照片合成的。因此，一些专家认为：这项功能对普通消费者不会有吸引力。于是，研发团队改变了思路，决意设计出一款“随时都能带在身边”“单手也能拍摄”的便携式相机。2013 年，研发团队制作出了一款形似锤头鲨的产品原型，可它并不便携，而且功能也不健全。于是，团队成员们针对其便携性和操作性进行了二次改进，推出了现在这款照相机。

售后阶段的检验与改进也是在设计思维的指导下完成的。团队成员们采纳了社交网站上的意见，改进了官网对这款照相机的介绍方案。此前，理光公司的官网着重表现的都是 THETA 相机的功能。2014 年 6 月，理光公司官网上登载了“有你真好！ THETA 带给你的九种快乐体验”的宣传海报，把宣传重点放在了用户体验上。结果，有的用户还在 Facebook 上转发了该产品的优点，引起了朋友们的关注。随着知名度的提升，THETA 相机的销售量也越来越好。

● THETA 的研发案例

用“THETA”相机可一次性拍摄出 360° 全角效果

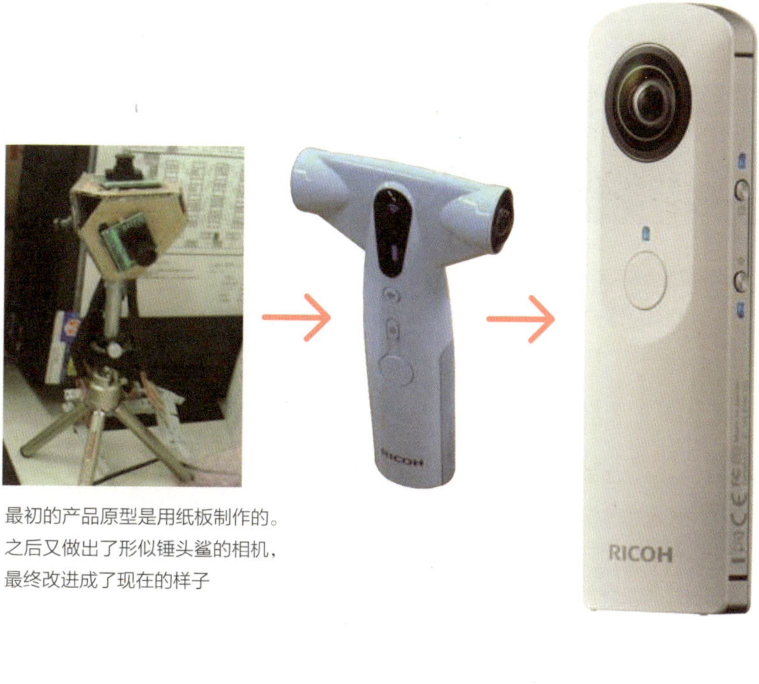

最初的产品原型是用纸板制作的。之后又做出了形似锤头鲨的相机，最终改进成了现在的样子

旧

新

理光最初侧重介绍 THETA 的功能，现在重点宣传用户体验

“我们是以破釜沉舟的决心去研发这个项目的。在各部门的配合下，我们齐心协力共创未来！”ID 集团设计师佐佐木智彦说道。

简明易懂的表现方法

复合机的研发始于 2012 年。与 THETA 相机不同，复合机的研发是个大项目，项目的参与者也有数百人之多。虽然设计思维提倡试制和检验，但研发复合机是要考虑成本的。所以反复的验证与改进并不适合用来研发复合机。

“研发时，首先要考虑到消费者都有讨厌操作步骤烦琐的情绪。因此，我们必须做出让设计师以外的非专业人员也能看懂的操作提示。”ID 集团设计师谷内大二说道。因此，研发人员以数据的形式表现了参考指标“屏幕空白率”。

组员们从日本各地征集了关于操作方法的改进意见，发现人们都希望能够简化机器的操作步骤。为了能够在一个页面进行多项操作，组员们研发出了触屏式配置。这种设计对初次使用的人来说可能有些不便，但适应了就好。因此，在设计新页面时，组员们还研究了智能手机的屏幕布局及复合机以外的触屏式机器的屏幕布局。最后，他们得出的结论是：空白率为 60% 的屏幕最便于人们操作。根据这个结论，研发人员大幅度地删减了复印、扫描等按键，提高了操作的便利性。新选择功能为产品带来了更广阔的市场前景。

● 复合机开发案例

旧

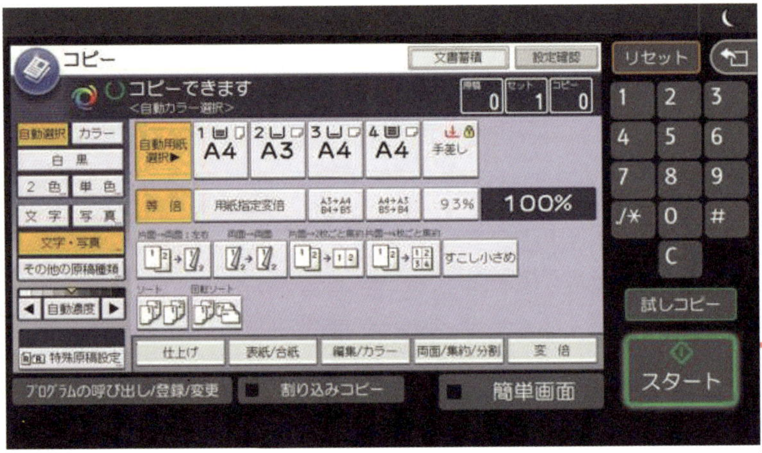

为了能够在一个页面进行多项操作，组员们开发出了触屏式配置

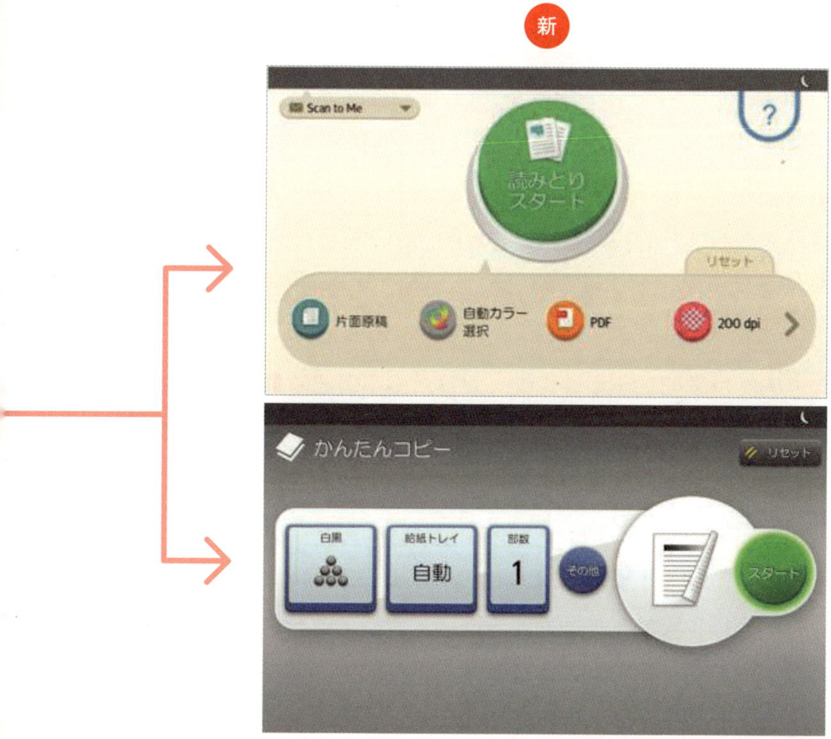

新页面注重“屏幕空白率”，根据功能分设触摸式屏幕，如此一来操作就变得简单了

用轮胎技术研发高尔夫球鞋

普利司通体育公司于 2014 年 9 月发售了新款高尔夫球鞋“BRIDGE-STONE GOLF ZERO SPIKE BITER”。新鞋的橡胶鞋底源自“从 0 开始重新定义并研发高尔夫球鞋”的课题。这款回旋稳定性和抗冲击性都大有提高的新球鞋是普利司通体育公司的得意之作。新鞋名为“BITER”，即“咬合”的意思，意在强调新球鞋的稳定性高，鞋底的凸起部分就像牙齿一样能死死地咬住草坪。

这款球鞋的问世要归功于设计思维。研发人员不仅把越野摩托车的红色车胎的底纹改造成了鞋底的凸起部分，还把轮胎技术应用在了提高鞋底橡胶的品质上。于是，普利司通公司将其引以为傲的轮胎技术应用到了体育用品领域，开辟出了新市场。

此外，它们利用轮胎的工作原理和无缝技术改造了球鞋，提升了球鞋的使用体验。这些无不表现出普利司通公司精益求精的工匠精神以及为消费者制作出一双好球鞋的决心。它们的理念就是：“为每位高尔夫球员提供最好的运动体验。”

提高非轮胎部门的研发能力

除高尔夫球鞋之外，普利司通公司用设计思维研发出来的新产品数不胜数。对 80% 销售额均来自轮胎制品的普利司通公司来说，研发体育用品等非轮胎制品才是当务之急。因此，它们用设计思维做指导思想，打响了攻坚战。2013 年 1 月，公司领导决定把原隶属于中央研究所的企划室调整到创新部。至此，设计思维也正式被应用到了生产一线。创新部设计室主任木肋幸洋说："我们把美式设计思维与本土研发手法相结合，在此基础上一丝不苟地展开了工作。"

公司内的所有项目都是由创新部和业务部共同研发的。研发团队的成员们去运动场做过调查后，制作出了简易的草图与原型，并结合公司的优势技术修改了方案。如果方案具有可行性，那各部门人员就会各司其职，致力于项目的研发。业务部的新人和业务骨干也积极地参与了考察工作。大家都认为设计思维是个行之有效的好办法。木肋主任说："现在，设计思维已经成了设计师和其他员工的共同语言。目前，我们虽然只进行到了检验阶段，但在不久的将来一定能收获更多的成果。"

"ZERO SPIKE BITER"
融入了普利司通引以为傲
的越野摩托轮胎技术

实地考察。组员们在体育场观察了高尔夫球员们的运动方式

组员们提出了方案，制定了整体框架

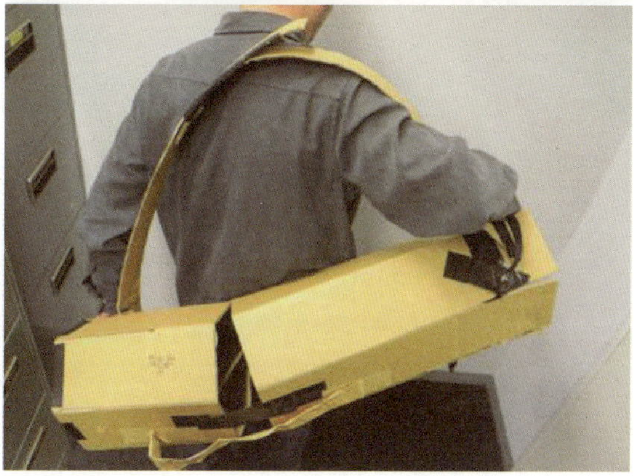

简易产品原型。用纸壳制作产品原型，考察其可行性

以普通人的视角研发新供水系统，加快人才培养

涉足能源、环境、交通、运输、机械、设备、航空、宇宙探索等众多基础设施建设领域的三菱重工集团运用设计思维研发出了新项目“K3”[①]。

2012 年 11 月，三菱重工集团从下属的各部门抽调出业务骨干、职场新秀等 32 名工作人员，与隶属于东京大学创意学院的风险企业创新研究所的工作人员共同发起了对新项目的挑战。最终，他们研发出了不同于现有公共上下水道运作模式的新供水系统。目前，研发人员们正在有序地推进该项目。

该项目名为“K3”，意为用“气合”（精神）、“根性”（毅力）设计出 1000 个解决方案。

项目负责人八木田宽之先生说：“经过实地考察之后，我们结合自身技术整合了多方意见，共得出 1040 个解决方案。并根据专家意见，综合考虑了市场及效益，我们从这些方案中选取了两个切实可行的方案。”

其实，在 K3 项目启动之前，研发团队也征求过日本国内大型咨询公司的意见，但没能获得令人满意的解决方案。于是，公司领导让年轻员工通过学习设计思维，为项目的研发找到了出路。

---

① K3 即 Kiai（气合）、Konjyo（根性）和 Kilo（1000）首字母的组合。——译者注

实施 K3 项目的目的有二：一是为了开拓新业务，二是为了培养新型人才。公司立足长远，十年之后能够带领公司走向未来的人并不是现在的领导者，而是活跃在各个部门的年轻人。因此，三菱重工集团才不遗余力地要将该项目的研发进行到底。

采访注重基础设施建设的寻常百姓

为了寻找突破口，研发团队人员花费了两个月的时间进行了充分的先例调研与信息收集。最终，大家一致认为应设计出一套有别于现有基础设施的个性化供水系统。

在调研过程中，团队成员曾考察过一间设计前卫的民宅，并采访了它的主人。那是一间搭建在山里的木制民居，水管、净水器、电表等设备都是主人亲自安装的。

热水器的燃料不是天然气而是灯油。对能源有独到见解的主人说："灯油没了，火就没了。供电并不是理所当然的事。"既有基础设施是不会让人意识到这些问题的。这位主人不辞劳苦地过着自给自足的生活，就是为了体会能源的宝贵与节约能源的重要意义。

因此，团队成员们认为过去的基础设施注重安定性和安全性，但现在必须适应社会变化，研发出新的供水系统。

上 / 团队成员访问了注重基础设施并自建房屋的居民
下 / 用灯油做燃料可以看见能源的消耗状况

上 / 团队成员考察了长崎县佐世保市的豪斯登堡主题公园的水处理系统

下 / 团队成员试喝了净化过的水

团队成员们还走访了长崎县佐世保市的豪斯登堡主题公园。当地人把污水集中在一处进行净化处理。有的团队成员还试喝了净化过的水。

综合讨论结果，大家从 1040 个方案中筛选出了两个切实可行的解决方案。其中一个解决方案就是建设独立的“私人用水系统”。该系统可以用来净化高层建筑中的废水。可根据水质和水量进行循环再利用。大家还商议了收费标准，将项目从企划阶段推向实证阶段。

根据实地考察结果和技术分析，团队成员们提交了 1040 个备考方案

几经商讨，大家终于从 1040 个方案中确定了两个切实可行的解决方案

デザイン・シンキング

03

坚持以消费者的视角看问题

消费者日常行为中的潜在商机

本章将为大家介绍雅虎、富士施乐等企业的案例，柿本荣三美容院和WORLD 等四家服装店与东芝集团共同研发市场的案例，以及富士里和制纸公司的案例。

这些企业的共通点就是坚持以消费者的视角看问题。它们在观察消费者的购物细节后，找到了研发新产品、提供新服务的前进方向。

2013 年夏，雅虎公司主办了以设计思维为主题的研习会，培养出了推广设计思维的骨干力量。团结进取的雅虎公司希望用设计思维指导实践，向用户提供新的网络服务。

富士施乐公司的研发人员对办公室职员的工作状态进行了细致入微地观察，并用独创的“自拍”法研发出了新办公软件。他们还在横滨市的“R&D 方形广场”创建了一间名为“与你共创”的研究室，意在以消费者的视角寻找能够创造新价值的目标。

柿本荣三美容院和 WORLD 等四家服装店会同东芝集团，共同开辟了将美发与服装相结合的新消费市场。通过采访来服装店购物的女顾客，它们发现如今的女性已经对“美”有了更高的认识和追求。而手写输入和智能试衣镜等实证性实验正是该变化的体现。

富士里和制纸公司与 PLUG 咨询公司一同研发了新厕纸提袋。它们在观察顾客在商场手提厕纸的实态后，提出了新方案，研发出了超人气产品。

让设计思维在公司内部薪火相传

雅虎公司的全体员工运用设计思维研发出了新网络服务。2013 年夏，雅虎公司举办了以设计思维为主题的研习会，培养出了推广设计思维的业务骨干。后来，这些业务骨干将设计思维学以致用地融入到了新服务的研发中。据统计，在正在研发和已经运行的项目中，有 10 个项目在设计时用到了设计思维。

在雅虎公司推行设计思维销售解决方案的体验设计部 UX 设计主管泷知惠美女士说："我们把设计思维视为以用户为中心的工作方法。它可以纠正我们在工作中出现的错误，协助我们向用户提供新价值。"雅虎公司以美国斯坦福大学设计学院倡导的设计思考法为基础，结合设计思维研究所的研究成果，摸索出了一套适合自身发展的新方法。

在公司里培养"传教士"

雅虎公司每个月都会举办一次研习会，有兴趣的员工随时都可以报名参加。在为期两天的研习会上，员工们被分为四组，每组六人。这样做是为了在公司里培养"设计思维的传教士"，让这种思考法在各部门的工作中都能发挥作用。

在研习会上，学员们首先学习的是采访方法。由于实地考察、理解用户的所思所想是设计思维的出发点，所以学会考察方法是非常重要的。做考察就是“理解现状”。它的具体教学过程如下：两人一组，双方互访对工作的感想。再把从采访中获得的新发现和新需求以课题的方式表现出来。例如，“研发智能系统新网络服务”就是一例。

接下来，各小组可以通过讨论寻找解决方法，即“设计方案”环节。在本环节中，大家可以用头脑风暴的方式积极地寻求解决方案，再把具有可行性的方案进行整理分类。之后，结合方案深化讨论，优中选优地找到最佳方案。

之后，根据最佳方案创建试制产品原型。

拿研发智能系统新网络服务来说，操作时应先创建一个网页，再进行讨论。但工作人员们并不需要制作一个真的页面，只需要用纸剪出一个页面就能进行检验了。设计思维的优点就是能让人尽快验证初始阶段的构想。研习会的实验也体现了这一优点。

把纸做的页面展示给其他组员看，验证效果，再根据大家的反馈进行二次改进。反复改进就能提高页面质量，圆满地解决问题。

最后，各小组要在研习会上公布各自的研究成果和参与体验。现在，越来越多的部门都对设计思维表现出了浓厚的兴趣。

热议话题比时效消息更具魅力

雅虎公司在 2014 年 1 月下旬用设计思维研发出了智能系统游戏信息介绍网站。为了提高智能系统的服务质量，雅虎公司把工作重点放在了游戏领域。该项目的启动时间是 2013 年。为了了解市场，研发团队组员们对潜在的网络服务用户进行了采访与调查。

“直接向用户提问‘你在使用时遇到了哪些问题’是不会得到答案的。可以询问用户在使用时的感受与体验，例如，‘你经常浏览哪个网站？每次浏览多长时间’等具体细致的问题。”游戏企划部企划兼研发部制作野口幸惠说道。

组员们采访了十几名用户，每位用户的采访时间约为一小时。组员们整理归纳了采访结果之后，又展开了小组讨论。根据讨论结果，组员们决定对数名用户进行二次调查。2015 年 10 月，研发团队制作了试运行网站，于年末实施了用户测试，并对页面和内容进行了提炼与改进。

组员们原以为网站上详细的游戏信息介绍可以为用户提供方便。可实际上用户们并不在意那些信息，而是希望能在一个页面上看到更多的游戏名目。详细的信息介绍会占据大量的页面，导致游戏名目无法增加。

● 雅虎公司的员工们正在进修设计思维课程

1 研习会上，学员们两人一组互访心声

2 把采访中的新发现和新需求变成课题

3 分组讨论解决方案的可行性

4 根据解决方案创建产品原型，从而产生更直观的理解

5 把产品原型展示给其他组员看，然后根据大家的反馈进行二次改进。纸做的产品原型便于改进

也有人认为用户会关注游戏的新资讯，但用户们都是通过 Twitter 等社交网站获取详细资讯的。

研发网页很麻烦。即便如此，组员们还是在考虑了如何在最短的时间内为用户提供最好的服务后，启动了这个项目。

顾客们放弃使用积分卡的原因

雅虎公司还和 T-Point 日本文化事业集团共同研发出了“T-UNIT”。“T-Point”是 CCC 公司推出的积分服务，T-Point 日本文化事业集团是其执行公司。它们希望用便捷的专用智能系统取代 T-Point 加盟店里的 POS 机，从而增加加盟店的数量。而这个智能系统正是设计思维的产物。

为了解积分卡的使用情况，研发团队成员们特地去加盟店做了实地考察。团队成员在多家加盟店的各时间段进行观察，并记录了收银台的交易过程和收银员的情绪变化等情况。他们发现，在交易时，收银员们并不会完全按照操作手册的要求进行操作。团队成员不仅观察了 T-Point 用户的交易情况，还分析了一般顾客的交易过程。他们得出的结论是：有的顾客为了搭乘电梯，会放弃领取积分而匆忙离开。

此后，团队成员们在讨论的基础上制作出了产品原型。可其他工作人员却对这个产品原型的可操作性提出了质疑。

“当在加盟店做过实地考察的人和不在现场的人各执一词，相持不下时，就只能用实践来检验真理了。可以把产品原型带到加盟店进行测试，再根据考察做判断。”智能设备战略室创新指导藤原亮说道。

团队成员们在观察收银员作业时发现：输入数据时的按键颜色及页面周边功能的操作效果和预想的完全一致。此外，团队成员们还切实体会到了提高数据输入速度的重要性。如果输入数据时按键的颜色变了，则表明输入成功了。这样的系统会提升顾客的安全感。如果按键颜色没有变化，那顾客就无从知晓积分是否输入成功。反复输入会浪费很多时间。

团队成员们在报告会上播放了录制的检测实态。于是，那些持反对意见的人也改变了最初的看法。相信将来，这个专用智能系统会有更加广阔的用武之地。

介绍游戏详情的网站

检验前

检验后

用设计思维开发出了智能系统游戏信息介绍网站。上图为原型制作阶段的页面，虽然图像大容易查阅，但所载游戏数目太少。下图是根据反馈意见改进的页面。新页面不仅增加了游戏数目，也登载了最新游戏资讯

● T–UNIT 项目

团队成员在为 T–Point 加盟店开发专用的智能系统时，在“涩谷私密空间餐厅纷乐”的协助下，完成了检测工作。（上图）他们希望能够用便捷的专用智能系统取代 T–Point 加盟店的 POS 机，以增加加盟店的数量。比起收银台，智能系统所占空间更小

自拍法与新文件管理软件

2010 年，富士施乐公司在横滨市创建了集研究开发功能为一体的“R&D 方形广场”。在楼道的一角还开设了一间“与你共创”研究室。提出“与你共创”的口号，就是为了实现以消费者的视角寻找能够创造新价值的目标。这间办公室不仅能向客户展示公司的业绩与技术，还能让研发者通过与客户的交流发掘出新的市场需求。它既是为“了解客户需求”与“设计方案”等环节提供支援的阵地，也是新技术的研发基地。

“创建这间办公室既是为了满足消费者的需求，也是为了推动以人为本的研发工作向前发展。”公司人机界面设计研发部设计二组组长古乡慎也说道。

这种新研发机制在公司内部得到了大力推广。工作人员们在这间办公室里不仅解决了顾客们的各种问题，还研发出了硬件、软件、系统等各种产品。问世于 2011 年、不断改进日臻完美的文件管理软件“DocuWorks 待打印文件选项”就诞生于这间办公室。

观察方法独特的现场调查

DocuWorks 可安装在复合机、电脑、服务器等设备中。点击屏幕上的“纸盘”图标，就能让电子文档生成纸质文件的效果。该软件的表现效果直观而形象，能将待打印文件堆积如山的状态生动地展现出来。所以人们通过图标就能了解到工作的进展。

由设计师、企划人员、工程师、业务人员组成的研发团队首先对 33 间办公室进行了考察。为了解白领们的工作业态，团队成员们在人种学现场研究中加入了自创的“自拍”调查法。

有些办公室禁止闲杂人员入内。但涉及多领域问题时，团队成员们必须同时在场。为此，他们让被采访者把自己每天的行动以日记的形式记录下来。例如，我起床后上班，在办公室工作一天后，回家睡觉。工作期间一共起草了多少份文件，都是什么内容，参考了什么资料，在留言板上写了些什么。此外，电话、邮件以及会议记录都要以照片的形式保存下来。

不必把每天都做的重复作业也写下来，只要把一天里发生的新鲜事，如事发地点、对象、工具和起草的文件等内容记录下来即可。

“只记录事实还远远不够。如果不知道白领们的行为动机，不理解其行动背后所隐藏的价值观和制约条件，就不能了解实情。只有仔细观察才能有新发现。”产品研发总部人机界面设计研发室的莲池公威说道。自拍可以让团队成员们从相片的边边角角中看到各种办公用品和有效信息，把握住一般采访注意不到的问题。

“与你共创”工作室里的大屏幕和双重系统末端等信息基础设施

时间	图片		活动	地点	和谁交流过
06/06/05 15:11	ET-28-04 编辑 ECO 说明材料的文档		标红修正	自己的办公桌	无
06/06/05 15:42	ET-29-03 工作研究会		上次还能打印，这次就不行了。请同事 F 来帮忙	TV 会议室	面对面会议 同事 F、O、K、H、T 和我
06/06/05 15:44	ET-29-05 工作研究会			TV 会议室	面对面会议 同事 F、O、K、H、T 和我
06/06/05 15:54	ET-29-07 工作研究会	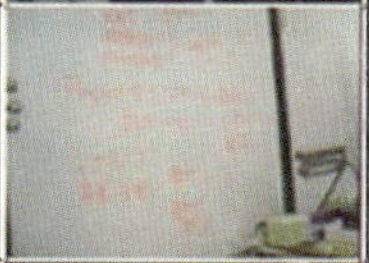	网络会议的准备工作还没做好，第一份报告是写着板书进行的	TV 会议室	面对面会议 同事 F、O、K、H、T 和我
06/06/05 17:43	ET-30-06 会议中不在现场时的杂物处理作业		查看往来邮件，参考日程表	自己的办公桌	无

“自拍”表如上所示，被采访者可以把自己每天的活动拍照记录下来

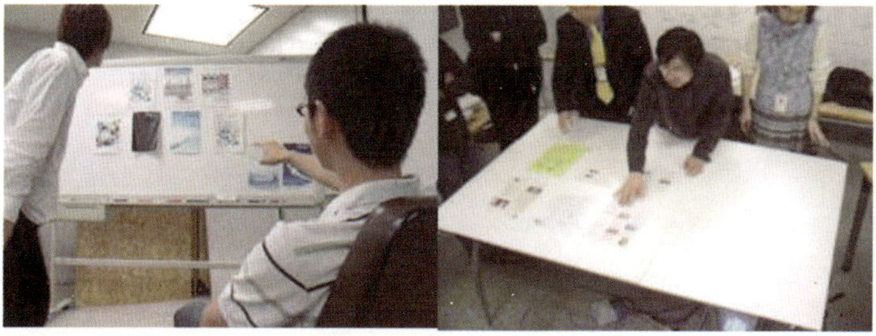

通过观察访问获得了新发现。团队成员们还还原了办公室工作现场，展开了讨论

绘制构思简图，进行二次调查

团队成员们会让白领们把自拍记录写在一张调查表上，然后再根据他们所写的内容进行讨论与二次调查。最终，他们决定将“固定作业打印文件”作为研讨课题。在日常工作中，办公室里即便配有很多办公设施，白领们在接到紧急任务时也不得不停下手头的工作，集中精力去处理新任务。因此，每个白领都有处理固定作业的经历。打印信息虽然能在据点内部顺利传送，但在两个据点间传送时却要面临数据丢失的风险。

为解决这个问题，团队成员在调研之后，再现了办公室内的情景。他们还绘制了方案草图，征求了白领们的意见。同时，他们也注意到了电脑桌面上的纸盘图标。

其实，很多办公室都希望能改进纸盘的使用方法，提高工作效率。例如，人们会根据任务的轻重缓急来安排处理顺序，也会根据打印好的文件来了解工作进度。如果纸盘中的待打印文件多，则表明该工作进展缓慢。工作时，人们可根据实际情况调整纸盘排序，以便能更加机动灵活地处理待办事宜。

最终，研发团队实现了电子文档与纸质文件的交接，将工作内容与业务进展以直观的形式表现出来。白领们也可以借助该软件灵活地调整工作顺序了。为了尽快投入使用，研发团队改进了既有软件 DocuWorks，研发出了新产品。该软件除了能处理固定作业，还可以用来处理通用文件。上市后，它的销售额远远地超过了预期。

绘制新软件的示意图，加深理解

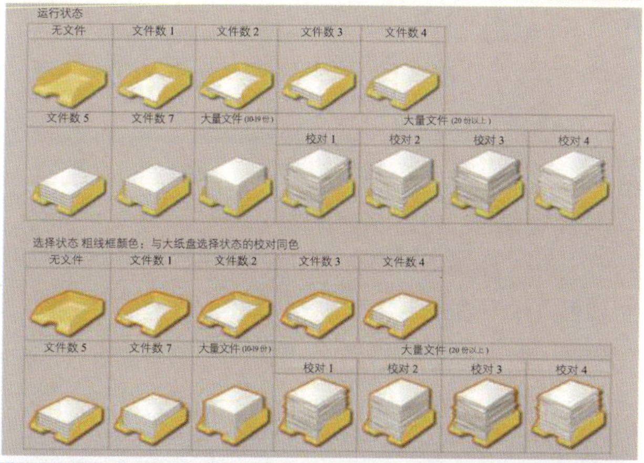

组员们多次讨论了纸盘中文件数的表现形式

这就是“DocuWorks 待打印文件选项”的界面。看了纸盘图标就能知道工作进展状况了

从美容院到服装店：分析顾客行为，研发智能试衣镜

在 JR 川崎站前的大型购物中心 LAZONA 川崎广场里，柿本荣三美容院和 WORLD 等四家服装店联袂向市场研发发起了新挑战。在以人为本理念的指导下，在由东芝集团研发出来的智能试衣镜做技术支持的前提下，美容和服装这两个毫无关联的行业走到了一起，开辟出了一片新天地。

用“你的色彩”挑选适合你的服装

出售服装前的流程如下。首先，美容沙龙会为来店顾客做“色彩诊断”。顾客可以根据诊断结果在试衣系统中挑选适合自己的衣服，再用美容院里的智能试衣镜观看自己的试穿效果。如果顾客喜欢这件衣服，就会去各家服装店挑选试穿，从而提高顾客购买服装的概率。

为了验证这一假设，东芝集团与位于 LAZONA 川崎广场的柿本荣三美容院及 WORLD 等四家服装店进行了联合实验。2014 年 4 月 22 日 –5 月 31 日，在美容院体验过这项服务的 1000 多名顾客中，约有一半以上的人光顾了服装店。

在这 1000 多名顾客中，70% 的客人都是新顾客，她们为服装店营业额的提高做出了贡献。在光顾 WORLD 服饰店的 60 名顾客中，约有一半顾客是在试衣系统的推荐下来选购服装的。而且，柿本荣三美容院也因为能向顾

客提供个性贴心的服务而与顾客建立起了稳固的信赖关系。

就这样，服装店的智能试衣镜首次进入了美容院。为什么服装店要与美容院合作呢？这要归因于东芝集团的大胆提案。

美发让顾客产生了强烈的购物欲

2013 年，东芝集团推行了“新概念创新”的理念。该理念促成了美容院与服装店的合作。

“为寻找新商机，我们成立了多个研发团队。最后，我们把目光投向了服装行业。”东芝集团新事业研发部战略企划负责人藤原千悦子说。

产品企划、研发、设计等部门的员工们组成了一个研发团队。为了给问世已久的智能试衣镜寻找新用武之地，团队成员们于 2013 年 8 月走访了多家服装店，并认真地观察了顾客们的选购行为，对其进行了采访调查。他们发现，智能试衣镜并不能在服装店发挥作用。服装店的店面狭窄，顾客们很难在狭窄的空间里产生强烈的购物欲。有的顾客只在服饰店停留几分钟，有的顾客甚至不想和店员说话。顾客缺乏购物欲也是智能试衣镜派不上用场的一大原因。

“女性什么时候才最在意自己的形象呢？是在做发型的时候。”东芝集团新事业研发部战略企划负责人千木良康子说道。

参加实证实验的 LAZONA 川崎广场美容院“kakimoto arms”（左）和服装企业 WORLD 旗下分店“BISES OPAQUE”（右）。此外，“URBAN RESEARCH Store”、BAYCREW'S 的“JOURNAL STANDARD relume”和“IENA SLOBE”等店铺也参加了本次实验（图片：丸毛透）

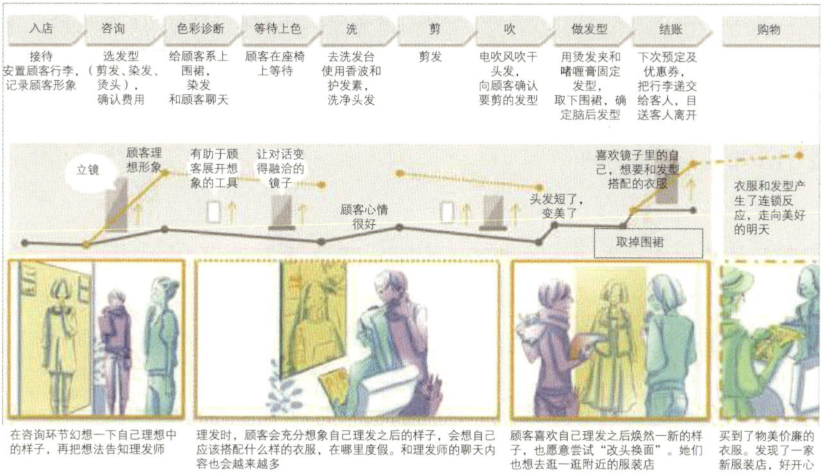

貌似毫无关联的美容院与服装店是如何并肩战斗的呢。东芝集团编写了一个剧本，形象地表现了公司所推行的理念，创建了全新的企划方案，开发出了新市场

顾客在做发型时会阅读时尚杂志，发型做好后会对着镜子自我欣赏。可见，智能试衣镜只有在美容院才会派上用场。

2015 年 3 月的新事业

愿意配合东芝集团完成实验的是创立“kakimoto arms”品牌的柿本荣三美容院。它在东京地区和 LAZONA 川崎广场开设有 10 家店铺。这家美容院推出了根据顾客的发色、瞳色、肤色、唇色判断顾客专属色彩的色彩诊断服务，并开创了日本国内首例发色一览服务。

“其实，发型对服饰搭配有很大的影响。‘你的色彩’可以让顾客挑选出适合自己的服装，提高顾客的满意度。而且，它也能让我们和顾客建立起更加牢固的信赖关系。”（柿本荣三美容院品牌经理村松亚子）

开设在 LAZONA 川崎广场的 WORLD、BAYCREW'S、URBAN RESEARCH 等四家服装店也参加了本次实验。

“本次活动吸引了很多新顾客，以美容院为实验据点的设计方案，也为我们带来了新的商机。”WORLDBSPA 统筹 BU OPAQUE/aquagirlBU 的负责人中口武说道。

面对好评如潮的反馈结果，东芝集团决定于 2015 年 3 月将该方案的实施正式提上日程。

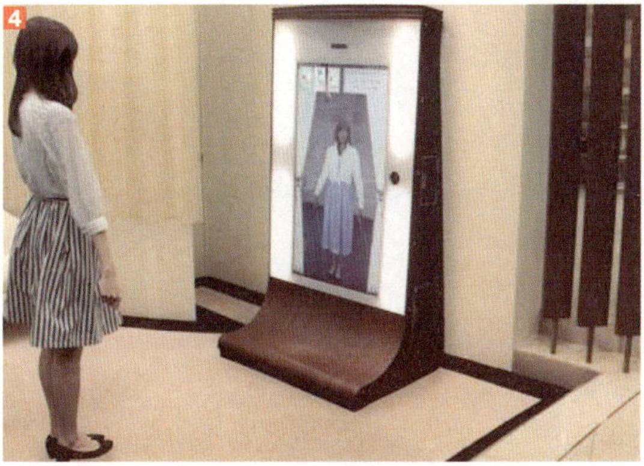

1 kakimoto arms 的发色一览是根据顾客的发质特点做的色彩诊断 2 回答页面上的问题就可以用“春”“夏”“秋”“冬”等分类判断出属于顾客的色彩 3 智能系统会向顾客推荐符合顾客色彩的服装（也会显示色差问题），并显示库存有 100 件以上的服装。系统每两周就会更新一次 4 顾客可以进行智能试衣。高科技试衣镜可以锁定顾客的双肩宽度，用最新的传感技术把衣服“穿在”顾客身上

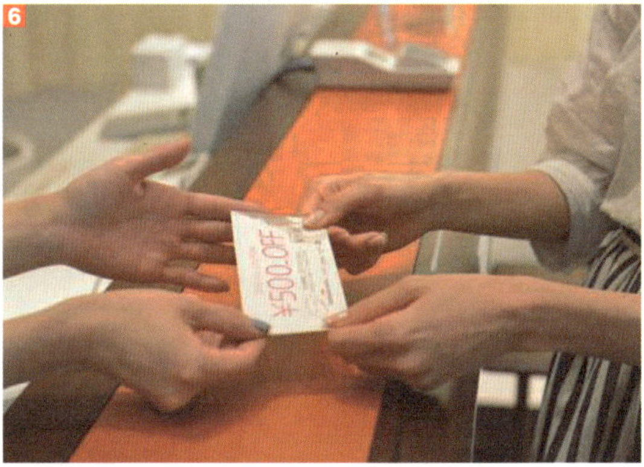

5 可以把试穿照下载到手机里 6 优惠券可以增加顾客的来店次数 7 顾客在实体店里试穿之后，很可能会买下心爱的衣服

新厕纸手提袋的研发

设计师和调查员在零售店附近向来店购买厕纸的顾客提问道："能耽误您一分钟问个问题吗？"参加市场调查的 PLUG 公司（它是在 I 公司和 CPP 合并的基础上创建立的咨询公司）设计师大岛绢子女士说道："这种提问方式还是很有效的。如果问顾客'可以问您几个问题吗'，恐怕大多数人都不愿意停下来协助调查。在与调查员一起工作的过程中，我不仅了解到了顾客的想法，还学会了很多提问技巧。"

本次市场调查的目的是在观察顾客购买厕纸全过程的基础上，研发出新式便携厕纸包装袋。而整个研发周期所用到的指导思想正是行之有效的设计思维。设计师和调查员精诚合作、并肩战斗，他们观察了顾客的交易过程，制订了企划案，把研发工作落到了实处。于是，全新的厕纸包装袋就这样问世了。

消费者在搬运途中出现的问题

让设计师和调查员并肩作战，堪称这两家公司的一大创举。富士里和制纸公司认为，厕纸作为人们的日常生活用品，它的创新势在必行。厕纸属于一次性商品，因其价格低廉而备受零售店和消费者的喜爱。然而，想告别价格战，就必须生产出以质量取胜的产品。

“要重新看待厕纸，给予它新的定义。我们必须在观察消费者的购物行为后找到新课题，生产新产品。” I 公司代表小川亮说。

大量的街头观察与突击式采访让研发人员了解到了消费者在搬运过程遇到的困难。例如，妇女和老人在提厕纸回家的路上，总是问题不断。为此，参与调查的五个小组提出了各自的解决方案，并讨论了什么样的设计才能为消费者提供方便。

最终，研发团队决定增加包装拉手的长度。这种设计能让消费者把厕纸挂在肩上，解放双手。PLUG 公司的设计艺术指导池田弹先生在评价设计师和调查员一起做市场调查的重要性时说道：“我们的设计师平时也会去做市场调查。但调查员的调查更具目的性，能让设计师获得更多有效的信息。”

● 容易失去平衡

● 不美观

零售店前见闻

设计师与调查员两人一组去零售店观察顾客购买厕纸的过程，并对其进行了采访。参与本次调查的共有五个小组，设计师们都说：“在听取了消费者的意见之后，我们收获到了大量的有效信息。”

● 抱在胸前搬运

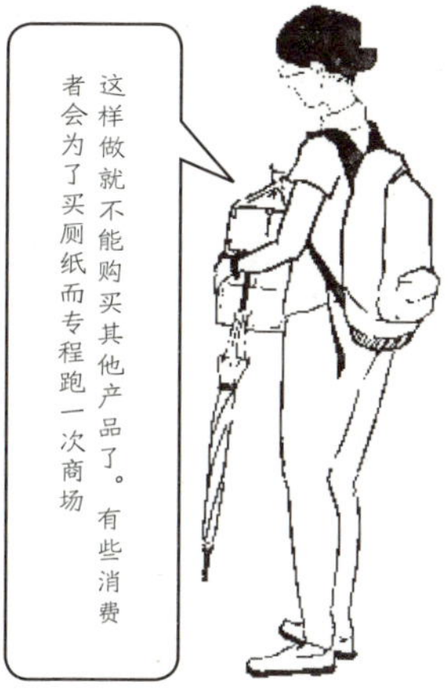

● 需要多次调整位置

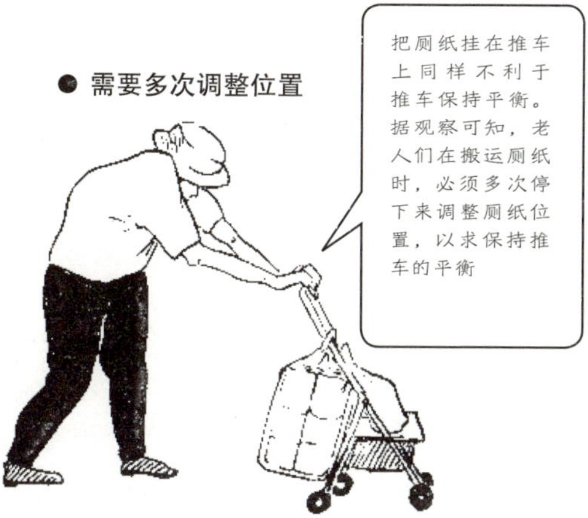

※ 素材由日经设计二次编辑

（插图：山浦长闲）

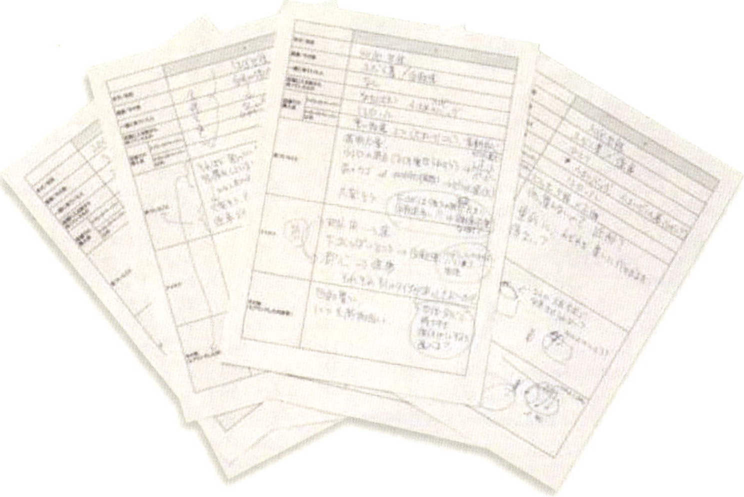

访查总结与问题点、设计方案

手提、自行车或推车搬运等方式	**重新设定厕纸的卷数和尺寸**
消费者们不喜欢目前的搬运方式	**部分产品虽然已有改进，但还有继续提升的空间**
是否要设计出一款便于搬运、保管且外形美观的厕纸包装袋呢	**设计时应考虑包装袋和厕纸质感的协调性**
提着厕纸就不能购买其他产品了	**把厕纸的提袋变成购物袋，解放双手**
很多消费者都注重厕纸的柔软度和亲肤性	**应该向消费者介绍再生纸也非常柔软**

经市场调研后发现的问题和解决方案

A方案 给包装袋加上挂钩

在拉手处添加挂钩，这样便于把厕纸挂在自行车、手推车和婴儿车上

B方案 缓解手提时的痛感

设计出带有褶皱的拉手，提升弹性，缓解提行时手指的痛感

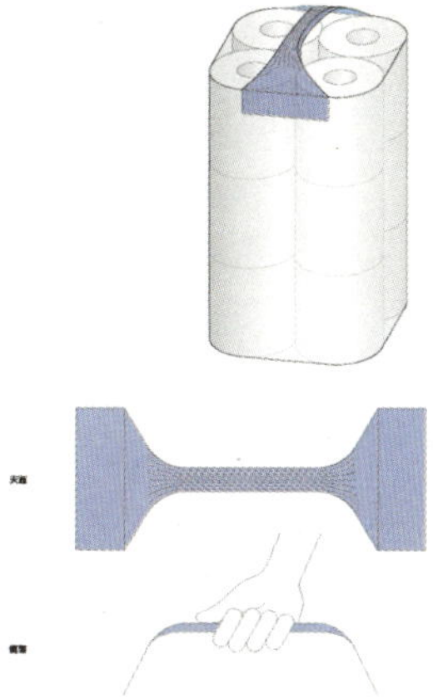

C方案 可做购物袋使用

从拉手处反方向拉出一只塑料袋，既能装厕纸，又能装小件物品

D方案 斜挎式包装袋

包装袋的肩带可做成能够调节长短的三段式设计，可背可挎，能够解放购买者的双手

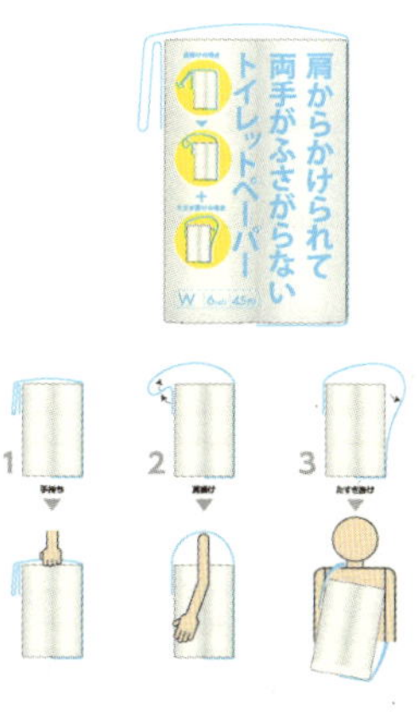

研发团队还商讨了包装袋的图案设计。最终，大家选定了 D 方案

● 介绍厕纸质感的设计方案

● 让使用者对使用方法一目了然且能够介绍厕纸柔软性的方案

● 详细介绍使用方法的设计

从矛盾到和谐

在其他环节中，设计师和调查员的关系也发生了很大的变化。此前的工作流程是调查员会针对设计师提出的方案进行市场调查，再要求设计师根据调查结果修改设计方案。但合作式调查能让双方在对问题达成共识的前提下自由交换意见。池田先生说："这种合作能让设计师和调查员产生共同语言，刺激他们的工作热情。"

采访记录、卖场实拍等市场调研材料在 PLUG 公司向委托方富士里和制纸公司做说明时，也发挥了很大的作用。因为这些载有消费者遇到的困难和心声的材料极具说服力，所以委托方也会理解设计的出发点。

小川代表认为，由于这些材料具有观测数据的功能，所以也可以用来向各家零售店推销新产品。如果对零售商解释消费者在购买厕纸时遇到的困难及其店铺销售额的影响，那么零售商也一定会接纳这款新产品。

可见，运用设计思维进行的消费者观察及其衍生出来的信息具有强大的说服力，它能帮助设计者与生产者获得更多的理解与支持。

デザイン・シンキング

04

坚持现场主义

验证设想，确定方案

设计师应在试制后检验产品原型效果。检验标准就是消费者的需求。若不能满足消费者的需求，则应返工改进。改进时应充分尊重消费者的意见。可见，设计思维的几个环节是循环进行的。只有反复改进，才能设计出令人满意的产品。

“现场主义”是本章的关键词。结合这一关键词，本章将为大家介绍 Oisix 有机蔬菜店、国誉家具公司、META 自来水公司、NEC、SEVEN 银行等企业的案例。

在 CIA 咨询公司的帮助下，Oisix 有机蔬菜店于 2014 年 1 月在东京吉祥寺地区开设了“Oisix CRAZY for VEGGY atré 吉祥寺店”。为了一改有机蔬菜店的形象，它们努力提高设计水平，意在打造出一间让人耳目一新的店铺。

国誉家具公司运用设计思维为政务大厅的等待区研发出了实用舒适的便民座椅。设计期间，它们召开了包括残障人士在内的使用者参与的研习会。

主营与自来水设施有关的设备设计、施工、维修管理等项目的 META 自来水公司，运用设计思维改进了信息系统。在富士通集团的协助下，META 公司将 AR 技术应用于自治体的自来水基础设施管理服务，从而简化了业务流程，提高了检修人员的工作效率。

为了带给顾客良好的提款体验，SEVEN 银行与 NEC 公司共同研发出了便利店专用的 ATM 机。SEVEN 银行在研制期间做了大量的市场调查。2010 年，该提款机开始在日本推广普及，极大地方便了人们的生活。目前，为了更好地服务残障人士、老人、外国人等特殊群体，SEVEN 银行反复改进设计方案，力求做到最好。

由原型设计派生出来的体验型美食店

在网店上出售有机蔬菜的 Oisix 有机蔬菜店正在发起开设实体店的新挑战。在它们于 2010 年开设的惠比寿三越店和 2011 年开设的二子玉川东急食品秀店相继问世后，2014 年 1 月，位于东京吉祥寺附近的“Oisix CRAZY for VEGGY atré 吉祥寺店”也迎来了开业之喜。

以电商起家的 Oisix 开设实体店当然是为了扩大客源。除了回馈老顾客，公司也希望能把有机蔬菜的价值介绍给普通消费者。对此，Oisix CRAZY for VEGGY 的项目经理古府裕雅先生认为：“必须改变人们对有机蔬菜的印象。我们并不想给消费者们普及有机蔬菜的理论知识，只希望设计出一间能让人眼前一亮的果蔬店。我希望顾客们在看到有机蔬菜的一瞬间，就会发出‘真可爱’‘好漂亮’等赞叹。”

Oisix CRAZY for VEGGY 项目的工作人员在启动项目之前还调查了海外的同类店铺。大家发现日本有机蔬菜的颜色远不如海外产品鲜艳可爱。如果把二者摆放在一起，日本的有机蔬菜一定会被比下去。

1 “Oisix CRAZY for VEGGY atré 吉祥寺店”。这是Oisix的第三家实体店。顾客不仅可以在此买到蔬菜，还能在店内享用各种美味熟食 2 把食材的鲜美封存起来的“特色蔬菜储藏柜”

3 将室温设置在 3℃左右的“高保鲜果蔬室” **4** 最受顾客喜爱的“自选熟食套餐”是由一份主食、一块三明治、一份青菜沙拉，以及一份赠品凉菜组成的。除赠品之外的三种食品均可自选（每份套餐仅售 998 日元）

5 前蹄搭在桌子上的泥塑小猪。有的顾客觉得小猪的眼神有点吓人，所以工作人员又返工改善，终于让小猪的眼神变得柔和起来 **6** 店内还展出了曾在苹果园工作过的拖拉机。其实，很多店铺是不允许拍摄这样的展品的。但注重顾客购物体验的 Oisix 却对此不设限制，欢迎大家任意拍照

3

4

5

6

坚持现场主义和体验主义

“想要设计出焕然一新的店铺，就要放弃老套的设计方法。不破不立。”古府先生在意识到这个问题之后向 CIA 咨询公司发起了求助。CIA 是一家经验丰富的咨询公司。它们曾把优衣库从地方企业打造成了国际品牌企业，也曾为日本首家真正意义上的廉价航空公司——乐桃航空（LCC）的创建献计献策，还帮助迅速成长起来的女装品牌“earth music&ecology”制定了中长期的发展战略。

CIA 咨询公司的工作方法是：在讨论企业或品牌发展方向的基础上，提高实现目标的概率。它们认为，只分析已知数据对企业转型是没有帮助的。

此外，CIA 咨询公司还会把委托公司的优势项目与消费者的需求相结合，将能够满足消费者需求的产品以直观的形式展现出来。CIA 公司的首席执行官西・陈（Sy Chen）说：“消费者希望能够切实地感受到某种产品给他们的生活带来的变化。只要满足了这个愿望，消费者就愿意为这种产品买单。”虽然实际情况和构想并不会完全一致，但大体可以按照这个思路去实践。

该公司最具代表性的设计法是“创意设计”。CIA 咨询公司在设计旗舰店时，会在现场主义和体验主义的指导下完成原型设计的全过程。它们的指导思想和设计思维有着异曲同工之妙。

让人充满干劲的原型设计

CIA 咨询公司在处理 Oisix 项目时也用到了原型设计法。

熟食展柜是店里的主角。为了让它物尽其用，工作人员先用与实物等大的原型验证了展柜的可操作性。

例如，展柜的玻璃罩应该如何设计才最合理；灯光应如何调节才最美观；柜台应如何摆放才最实用。CIA 咨询公司的工作人员们不厌其烦地调整着展柜，力求做到最好。

菜品确定后，工作人员把熟食摆进展柜，用同样的方法进行调整，以便让菜肴看上去更加美味可口。工作人员还根据菜肴的特点调整了照明效果。大家坚信，不断地改进一定能得到令人满意的结果。

古府先生说："我们在实践过程中想到了很多办法。想要知道这些办法是否可行，就必须逐一检验。好作品都是经得起推敲的。"其实，检验与改进也能提高大家的工作热情。

于是，给顾客们带来无限惊喜与全新体验的新 Oisix CRAZY for VEGGY atré 吉祥寺店就这样诞生了。新店里的设施有：能让顾客了解到蔬菜的特点和鲜度的室温为 3℃左右的"高保鲜果蔬室"，用低温贮藏法保证食材鲜度的"特色蔬菜储藏柜"，一台在苹果农场工作过的拖拉机和一头把前蹄搭在桌子上冲人微笑的泥塑小猪。

店里还有一只会下蛋的玩具母鸡，小朋友们沿着地面的指示箭头就能找到它。这样的设计不仅取悦了顾客，还把鸡蛋的销量提高了 3~4 倍。两个月后，店铺的销售额比刚开张时增长了 1.5 倍。

● **Oisix CRAZY for VEGGY 的设计过程实拍**

1 用与展柜等大的产品原型做验证，核对服务流程 **2** 探讨展柜照明设计，反复验证设想 **3** 会下蛋的玩具母鸡也为销售量的提高做出了贡献。工作人员们在原型制作过程中投入了大量的时间与精力 **4** 工作人员借助产品原型确定了便于服务员操作的展柜高度

Oisix 的古府裕雅总经理（右）和 CIA 公司的西·陈总经理。考察国外店铺和上百家菜市场的经营情况对项目的企划非常重要（照片：高桥久雄）

● Oisix CRAZY for VEGGY atré 吉祥寺店项目的推进过程

前景展望

希望 Oisix 成为日本有机食品公司的代表企业

↓

核心价值

Oisix 的主打蔬菜就是品牌的核心

↓

品牌与体验

希望通过接地气的表现形式让顾客们爱上（CRAZY for VEGGY）有机蔬菜

↓

创意设计

在海外考察和本地化的基础上进行认真的检验

有使用者参与的研习会与便民沙发椅

国誉家具的 Madre 座椅是一款摆放在政务大厅等候区的沙发椅。政务大厅是为百姓们提供服务的场所。手扶拐杖的老人、坐在轮椅上的残疾人、带孩子的母亲，以及跟在导盲犬身后的盲人都会来这里办理业务。为了研发出能够为各类来访者提供方便的长椅，国誉家具公司举办了有使用者参与的研习会。

观察与谈话

研发团队的 30 多名成员是由工程师、产品企划负责人及平时不参与研发项目的经营负责人组成的。为期三天的研习会共举办了四场，每场会议都会邀请五名居民参加讨论。来政务大厅办理业务的人都是身残志坚的社区居民。为了解他们的使用实态，团队成员们特地请来了使用探路杆的盲人、由导盲犬牵引的盲人和坐在手动、电动轮椅上的残疾人。

会场还原了政务大厅等候区的空间布局。主持人让居民们像平时一样去办理手续，让团队成员们在观察他们的动作后做有针对性的采访。因为观察与采访是一个密不可分的整体。在了解到居民们对座椅的评价后，团队成员也收获了许多新发现。不过，由于居民们已经适应了这种座椅，所以他们也无法说出到底哪里不方便。可见，只举办研习会是没有用的。

制造 VU 创新中心的负责人木下洋二郎先生说道：“即便如此，我们还是发现了既有产品的不足之处。”团队成员们十分注意观察细节，就连居民们的小动作也没有放过。他们还询问了居民们做出某种动作的原因。木下先生说：“这种采访能让居民发现自己忽视的问题。”根据讨论会上得出的课题，大家连夜赶制出了产品原型，并在次日检验了使用效果。如若有所发现，就按照这个流程继续改进方案。

方便落座的圆形座椅

Madre 座椅是研习会的最终成果。它是一只底座横向延长、靠背的高度和扶手的长度均被缩短的圆形沙发椅。因为腿脚不好的人和半身不遂的人在落座时身体会向下方倾斜。这样一来，扶手就会妨碍他们落座。因此，在设计时应为他们留出便于落座的空间。靠背上的三处扶手也是在反复检验的基础上确定增设的。扶手可以成为行动不便的人在起立时的支撑点。因此，研发人员在设计时也充分地考虑到了扶手的尺寸和位置。

座椅下方的曲线形设计可以为行动不便的人在起立时平添助力。较之那些上窄下宽便于套座套的座椅，Madre 座椅能为使用者带来更为舒适的体验。虽然 Madre 座椅的技术含量和成本相对较高，但由于工程师和营业员都参与了研发，所以大家很快就对成本问题达成了共识。

通过与残障人士交流，木下先生发现很多残障人士都不希望被人“另眼相看”。有些坐轮椅的居民说：“每次看到加宽的残疾人专用通道，我都会觉得自己是社会的累赘。”因此，团队成员在设计时也顾及到了他们的自尊心。

2011 年，Madre 座椅走向了市场，它的销量前景必将一片光明。

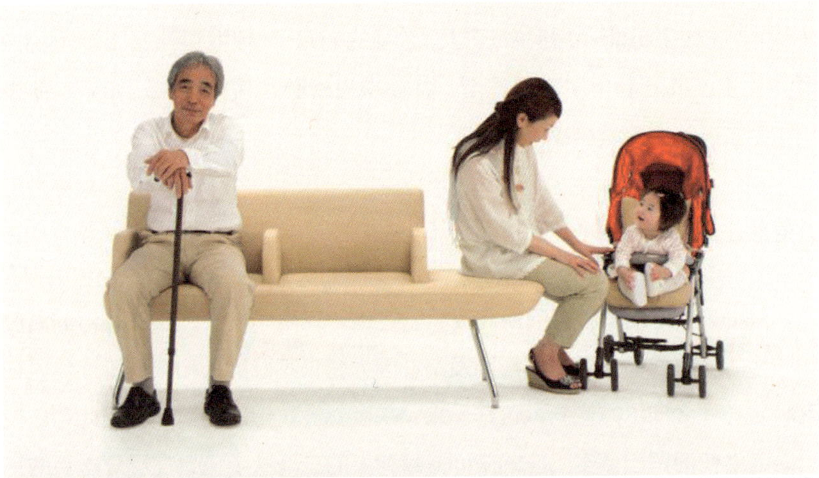

埼玉市南区政务大厅中的 Madre 沙发椅

便于残障人士从座椅上起身，轮椅通道间距最小的公共设施等候区沙发椅“Madre”。图片同款售价为 19.7 万日元（不含税）

座椅表面的软包皮革有 11 种颜色，布座套有四种颜色。还有双色混搭的软包皮革

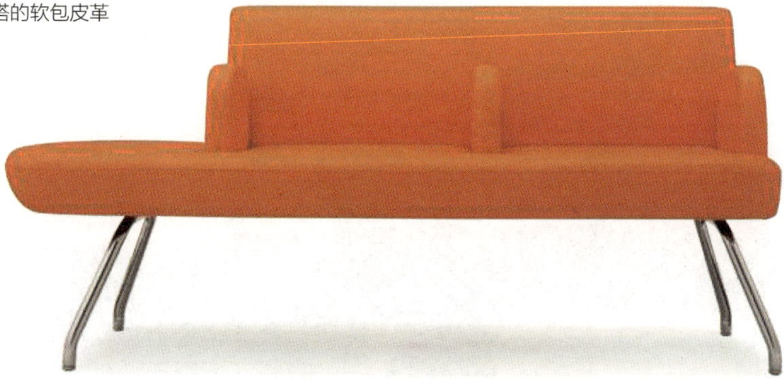

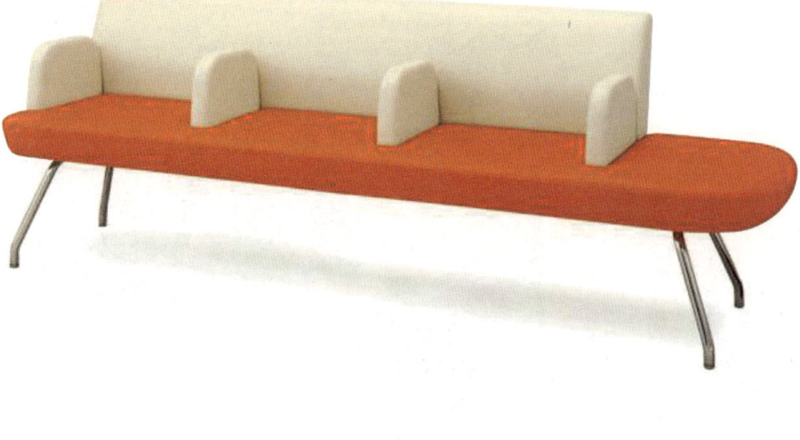

让设计思维在研发部门“安家落户”

2014 年 2 月，木下先生和他所在的部门向新产品研发发起了新一轮的挑战。设计师、工程师、技术员齐聚一堂，展开了调研工作。木下先生说：“以前那种先设计方案、再确定结构、最后付诸生产的研发流程会让产品出现‘跑题’的现象。所以，很有必要从初始阶段就让全体成员都参与到项目中来。这就是我们 VU 创新中心的工作方法。”这个用设计思维做指导思想的新部门必将取得更多的成绩，拥有美好的明天。

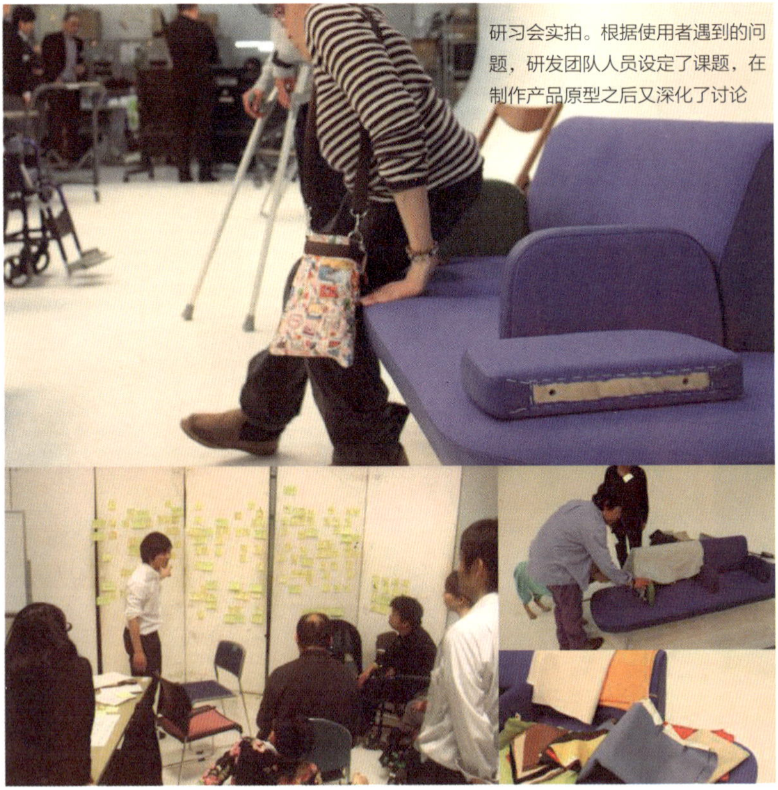

研习会实拍。根据使用者遇到的问题，研发团队人员设定了课题，在制作产品原型之后又深化了讨论

扶手可以作为使用者起立时的支撑点，圆形座椅更便于人们落座

制造 VU 创新中心位于国誉集团的办公大楼“KREI”中，设计师也可以在此入住。大楼内还设有供客户与内部人员自由交流的实验室

利用 AR 技术读取数据

现在，AR 技术已经走进了我们的生活。若使用载有 AR 专用 App 的智能设备或手机对某物进行扫描，真实图像就会和 AR 图像重合在一起，被扫描物的数据也会呈现在 AR 图像上。AR 技术虽然不能更新数据，却能把 AR 图像和真实图像进行比较，让人们把握被扫描物的详情。

有风险早知道

META 自来水公司是一家主营与自来水设施有关的设备设计、施工、维持管理等项目的公司。它们用 AR 技术研发出了新信息系统。它们在向其所辖区提供自来水基础设施管理服务“Smart Field Service”时应用到了这项技术。在它们看来，如能用手机等智能终端对自来水设施进行检修，作业过程就会变得非常轻松。这个新系统是 META 自来水公司和富士通公司运用设计思维共同研发出来的。

新系统大大地提高了检修员的工作效率。检修员只要用安装了 AR 软件的手机对设备进行扫描，就能了解设备的整体情况、机器详情、以往运行情况和维修技巧。由于公司对这些数据实行统一管理，所以即使是没有经验的检修员也能顺利地完成检修任务。也就是说，该系统能让设备管理技术在公司内部得以传承。“检修员还可以把作业时的新发现以图片、笔记、音频、视频等形式记录下来。这样一来，人们就能把握每台设备的运行情况，提前做好防范措施。”服务企划部战略课长小林朋秀说道。

富士通公司的设计师们也参与了研发工作。他们走访了自来水设施现场，对机器进行了检查，并致力于改进智能终端和手机的使用效果。为了提高操作的便利性，他们设计出了只用两个拇指就能进行操作的页面。他们还考虑了检修员在工作时可能会遇到的问题。例如，若检修员不慎把手机掉在地上，系统也必须保证能够准确无误地把数据读取出来。要知道，一般的系统在扫描中断的情况下是无法读取数据的。2013 年 10 月，约有 30 多个辖区单位采用了这个系统。据预测，到 2017 年，使用该系统的机构和团体还会越来越多。

自来水设施内各种机器的数据都可以通过智能终端或手机以虚拟数据的形式呈现出来。上图为信息系统的图像化（同一页面内并不能把所有机器的数据都显示出来）

为了让检修员在检修自来水设施时能看到最新数据，META 自来水公司还开发出了新系统。因为每台机器的数据都有显示，所以即使是没经验的检修员操作起来也能得心应手。即便不能扫描到条码，系统也能够读取数据。技术改良提高了系统功能

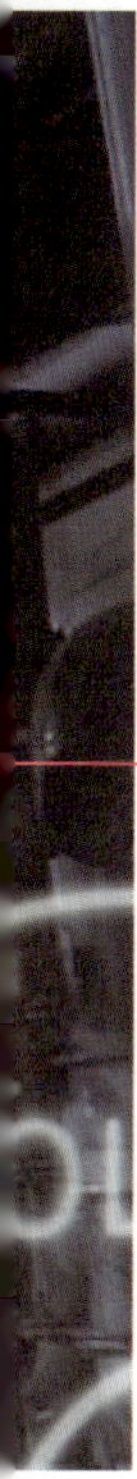

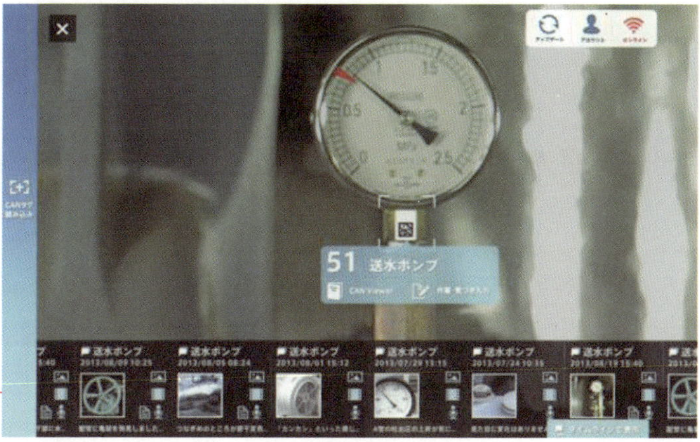

每台机器都贴有扫描用的条码，如果用智能终端或手机扫描该条码，屏幕上就会显示出这台机器的最新数据。检修后，检修员还可以以音频或视频的方式输入数据

新系统提高了检修作业的效率。图为检修员正在用手机检查机器。系统的操作性也得到了大幅度的改进

方便残障人士、老年人、外国人使用的自动提款机

NEC 公司与 SEVEN 银行共同研发出来的便利店 ATM 机汇集了各种能够体现使用者心声的功能。例如，“加入了人性化的动画和提示音”“用两台播放器提醒使用者不要忘记取走现金和银行卡”“研发出了多语种交易页面”，等等。具备这些功能的 ATM 机已于 2010 年渐次投入使用。现在，为残障人士、老年人和外国人提供体贴周到的服务已经成了 ATM 机的改进新方向。

例如，设计师在 ATM 机的显示屏上设计了一张动画银行卡，当这张动画卡片从屏幕下方消失时，真正的银行卡就会从插卡口里退出来。此时，提醒顾客取走银行卡的提示音也会响起。这种设计有利于使用者了解操作流程。此外，现金提取口附近还设置了一个具有提示功能的播放器，使用者听到了提示音就不会忘记取走银行卡了。2013 年 9 月，在多语种服务研发过程中，SEVEN 银行创建了可用九种语言提供服务的电话客服中心。2014 年 1 月，SEVEN 银行设计出了备有九种语言可供选择的交易页面。多语种服务将会成为 ATM 机的改进方向。

这款被 IT 界誉为“与众不同的 SEVEN 银行 ATM 机”正是设计思维的产物。

请残障人士和外国人试用 ATM 机

SEVEN 银行用设计思维指导实践的流程如下：首先根据使用者的操作

情况设定目标，检验使用效果后进行二次改进。在研发新功能时，研发人员们先了解了老年人的使用感受，又观察了他们的实际操作情况。“很多人都是购物后提着购物袋去取款的，他们会把购物袋放在哪里？会如何提取现金？这些问题都非常值得思考。”NEC公司设计业务部经理太田知见说道。通过调查，大家认为有三项问题亟待解决：页面文字的字号、颜色及操作的便利性。在提高机器的处理速度和节省耗电量等方面，研发团队积极地采纳了使用者的建议。此后，团队成员们制作了一台与实物等大的原型，并制作了简易的交易页面。他们请残障人士、有孕在身的女员工及外国人参加了检测实验。结果，他们又发现了很多新问题。例如，坐在轮椅上的残疾人很难触碰到屏幕，孕妇在使用时会压到肚子。于是，团队成员们再次改进了产品原型。而系统里新增设的动画效果和提示音也获得了大家的一致好评：“动画很活泼，给人感觉很亲切。”“提示音非常人性化。”因此，研发团队对这款机器的推广前景充满了信心。

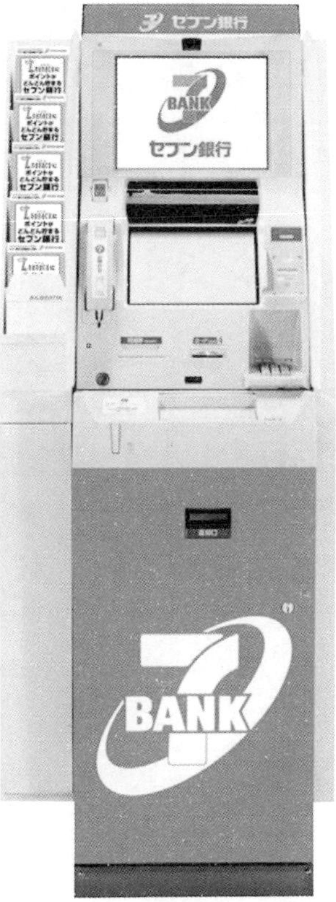

自 2010 年投入使用的第三代便利店 ATM 机

在交易页面中增加了动画效果，虚拟的卡片从屏幕下方消失后，真正的银行卡就会从插卡口里退出来

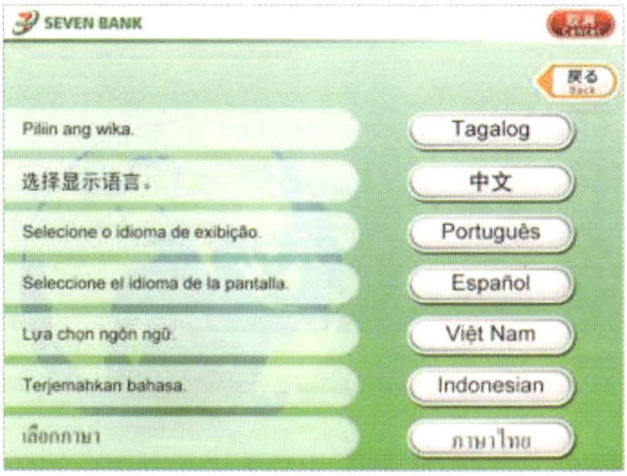

设有九个语种的交易页面。今后还会制作出包含更多语种的操作系统

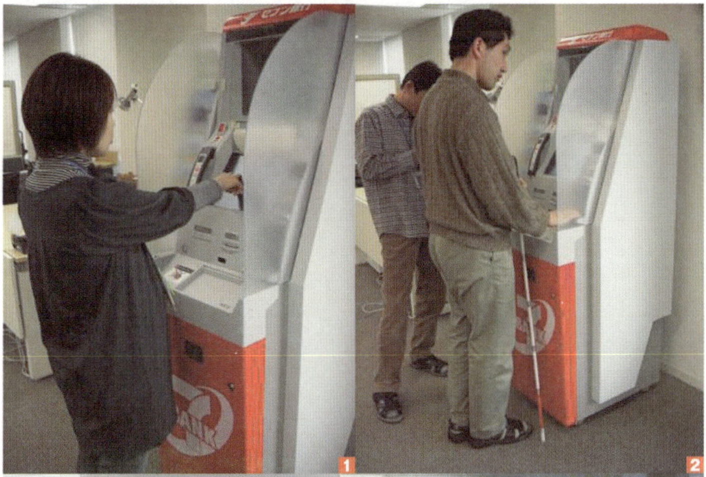

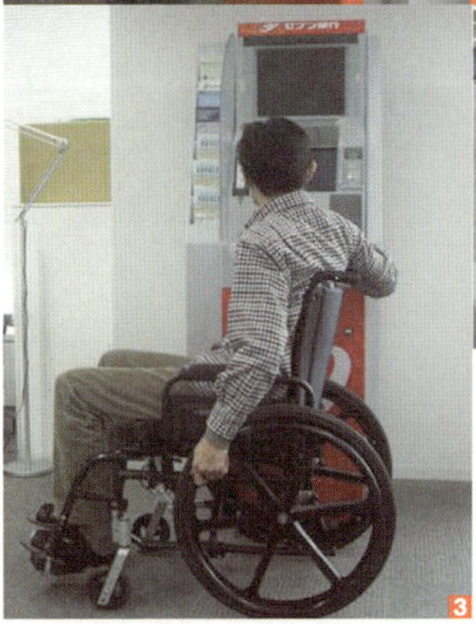

1 组员们制作了一台与实物等大的产品原型进行检验，确认了孕妇在使用时的压迫感 2 让残障人士试用 ATM 机 3 设计师坐在轮椅上体验残障人士在使用时遇到的困难，验证机器高度是否合理 4 设计师带上特殊的眼镜，体验老年人使用者观看屏幕时的不便，提高机器性能

便利店的 ATM 机也是当今社会必不可缺的一项公共设施。SEVEN 银行的员工们在满足使用者需求的同时，也打造出了一台便捷实用的“国际范”自动提款机。

デザイン・シンキング

05

创造新世界

デザイン・シンキング

用设计思维振兴地方经济

设计思维不仅能使企业走出困境，还能够解决各种社会问题。

地方自治团体和教育机构也对设计思维表现出了浓厚的兴趣。因为设计思维以人为本的特性和地方自治团体与教育机构提倡的造福社会的理念是一致的。这些机构与团体也想用新方法为地区发展贡献力量。因此，很多机构也在用设计思维解决社会问题。

2010 年，主营智能城市建设、电力能源研发、公交机关运营等社会基础设施项目的日立制作所，推出了“展望未来”服务。在把握社会现状的同时，日立制作所从百姓的视角看问题，探索社会，展望未来，思考什么才是有意义的服务。

NPO 法人推行绿色村庄计划是为了振兴德岛县神山市的经济发展。仅有 6000 人的神山市是个距德岛机场约一小时车程的偏远山城。现在，每年都会有近 1800 人来此考察访问。来访者们希望与设立在当地的各公司办事处共创 IT 企业。为什么大家会把目光投向这个小山村呢？这要归功于 NPO 法人运用设计思维为神山市做出的一系列宣传活动。

此外，日本驻英大使馆用设计思维设计出了宣传 2020 年东京残奥会的展会。该展会生动地展现了很多日本人尚未发觉的日本之美。

日立制作所引领潮流的“展望未来”设计法

日立制作所于2010年推出了一项名为“展望未来”的创意服务。主营智能城市建设、电力能源研发、公交机关运营等社会基础设施项目的日立制作所，在把握社会现状的基础上，从百姓的视角去探索社会，展望未来。

日立制作所是在参加了北九州市举办的智能城市策划招标会之后，才决定用该方法来指导工作的。

当时，尽管日立制作所也向主办方提交了精心设计的方案，但最终还是落选了。它们的提案注重表现技术上的优势，但竞争对手的提案却涵盖了对城市建设的整体构想。鉴于对手棋高一着，日立制作所也只能甘拜下风。

从百姓视角展望未来

在设计未来社会的交通系统、研发能源、整备医疗设施等方面，设计思维同样能发挥重要作用。了解消费者的需求、在新发现的基础上寻找新课题等环节，可以让设计师创建出行之有效的解决方案。而“展望未来”设计法同样能让日立制作所与地方自治团体、研发商等业务伙伴共同展望美好的明天。

未来社会发展的 25 种可能性

只有创新机制才能解决节能环保、少子、老龄化等社会问题。
本研究以群众视角展望未来，聚焦社会机制，意在为地方自治团体、合作单位及日立集团提供有凝聚力的方案贡献力量。本研究在展望未来时并不以技术和客观事实为主要依据，而是从 PEST（P：政治，E：经济，S：社会，T：技术）等方面出发，借助文献综述与网络上的数据调查为日立集团的未来发展指明方向。把 2005 年至 2030 年的主要数据绘制在时间轴与 PEST 轴之间进行考察。
根据考察结果把握社会变化动向，提出可持续发展型城市生活的“25 种可能性”。

从百姓视角展望 2025 年时人们可能将要面对的课题，即“2025 年的 25 种可能性”。上图为最前边的两版设想展示。从 PEST（P：政治，E：经济，S：社会，T：技术）等方面考察，再将考察结果置于纵坐标 PEST 与横坐标时间中进行分析，最终得出 25 种可能性

● 视觉设计的流程

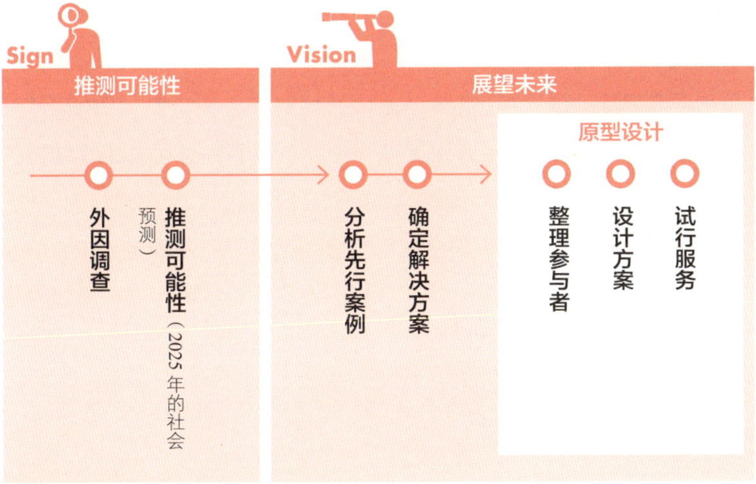

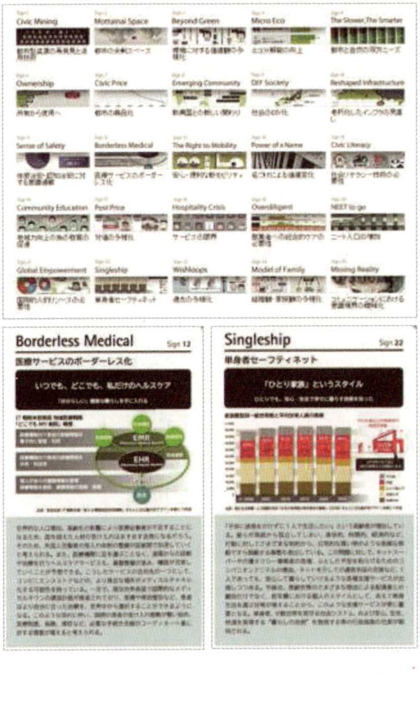

医疗服务的生活化——你随叫随到的私人医生

采访调查只能让设计师了解到人们现阶段的想法。毕竟，没人知道未来究竟是什么样子。于是，日立制作所设计总部的主管设计师丸山幸伸先生提出了“未来社会发展的 25 种可能性”这一设计方案。该方案意在为 2025 年的社会建设提供参考意见。例如，在能源研发和城市建设领域中还有哪些尚未解决的问题，未来社会结构会发生怎样的变化？设计师可以带着这些“问题”去展望未来。通过采访调查，设计师可以根据人们现阶段的想法推测社会在发展过程中将会出现的问题。这是一种由此及彼、由近及远的思考方法，是设计思维的一个组成部分。

接下来，日立制作所采用的“原型设计”法把对未来的构想以图像等具体形式表现出来。它们从百姓的视角展望未来，再把展望结果分享给业务伙伴。接下来，大家就能根据“理想型社会”改造现实社会了。

图像与实证实验

日立制作所曾用展望未来设计法为医疗机构和地方自治团体出谋划策，帮它们解决了很多难题。它们筛选出了医疗机构存在的问题后，又用展望未来法总结出了“单身人群会增加”“创建不用去医院或诊所也能就医的生活化医疗社会”等课题。

随后，它们以高瞻远瞩的姿态审视社会现状，寻找最佳解决方案。工作人员还特地采访了独居老人，了解了他们在生活中遇到的各种困难。在提供上门服务的保健医生的陪同下，工作人员们以生活化医疗为目标，找出了现阶段医疗服务中存在的问题。

最终，大家得出了“高龄低收入的医疗弱势群体正在增加”“病例等医疗数据的分散化管理不利于综合治疗”等结论。

那么，在解决这些问题之后，人们又会过上怎样的生活呢？在展望未来环节，工作人员用绘图法勾勒出了对未来社会的种种构想。133 页上方的图片表现的就是用 AR 技术扫描人脸进行健康诊断的提案。此外，还应该对医疗数据进行一元化管理，在保护好人们隐私的前提下实现数据共享。这就是实现了医疗生活化之后的“理想社会”。它能让百姓们及时地了解到自己的健康状况，做好大病防治工作，节省在寻医问药方面的开支。

课题确立后，日立制作所结合自身的技术优势提出了解决方案。如何向医疗弱势群体提供特别服务，如何让服务实现价值，日立制作所用自创的辅助工具解决了这些问题。该工具就是 133 页的业务摺纸（Business Origami）卡。在研讨城市建设等大规模项目时，工作人员在卡片上写满了人、物、信息，以及它们的作用与价值。这种能够让各部门加强合作的工作方法在各领域都发挥着无可比拟的重要作用。

不久之后，日立制作所又联合英国曼彻斯特的地方医疗机构研发出了病例一元化管理系统和官方网站，并开通了实证实验业务。在改善糖尿病“预备役”人群的生活习惯时，它们用 IT 技术推出了有效预防糖尿病的生活指导服务。

● 保健（视觉设计）

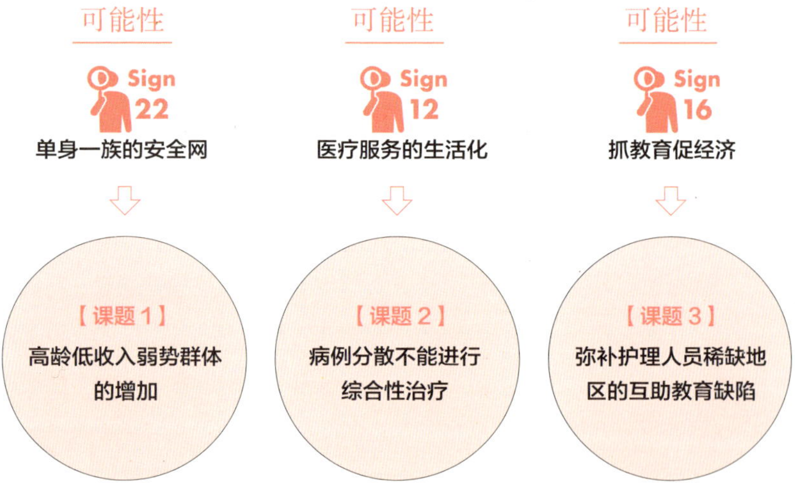

上述都是未来的社会问题。这是用推测法考察医保问题的案例。单身一族的安全网、医疗服务的生活化、抓教育促经济等三个问题分别推导出了高龄低收入弱势群体的增加、病例分散不能进行综合性治疗、弥补护理人员稀缺地区的互助教育缺陷等三个结论

用“视觉设计”法绘制的未来社会医疗服务图。（下图）工作人员正在用“业务摺纸”辅助工作

“业务摺纸”是日立公司在开发服务时所用的辅助工具。具体操作方法如下：用卡片表现构想中的服务要素，在卡片上写下各种服务的功能和关系。之后，工作人员可以针对卡片上的提示进行分享与讨论。无形的服务用具体的形式表现出来，让大家找到解决问题的关键所在。该卡片是非卖品，仅限日立公司内部使用

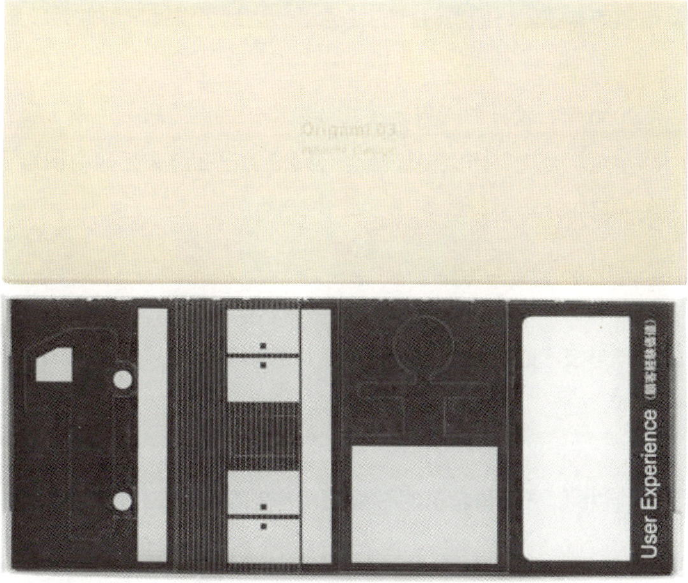

可见，设计思维不仅能为企业服务，还能为人们创造出美好的新生活。

用以往经验解决新问题

日立制作所设计总部部长有吉司先生说：“日立集团的竞争力在于社会基础设施建设和 IT 技术的完美结合。设计的力量与价值是非常值得人们关注的。”

日立集团近几年的业务结构发生了巨大的变化。它们不再研制电视和手机，只生产吸尘器等普通家电。因此，日立设计师的工作内容也和从前不一样了。现在，日立集团在铁道、银行 ATM 业务等社会基础设施领域的业务量和医疗专业器材原型设计的业务量，达到了设计总部业务总量的 1/3。

2000 年，设计总部推出了智能城市生活展望服务。由于日立集团的业务内容发生了变化，所以设计师也必须把自己在过去工作中积累到的经验应用到新项目研发中去。

主管设计师丸山先生说：“在项目研发时，应以设计为主导，在综合考虑市场与技术的基础上展望未来。这种指导思想可以在各领域中发挥积极的作用。”

“在提供产品与服务时，要把用户的需求摆在首位。即便你不能证明方案的可行性，也要制作一个原型，这样一来，大家才能根据原型展开有的放矢的讨论。这种设计流程可以用来研发各种项目。”主管设计师丸山先生接着说道。

日立制作所的设计师也可以在设计方案、制定“目标”、编写业务摺纸卡以及绘图环节贡献自己的力量。今后，设计师会被定义为能够用图画表现构思的高端人才。

授之以鱼不如授之以渔

现在，很多企业都把目光投向了德岛县的神山市。仅有 6000 人的神山市是个距德岛机场约一小时车程的偏远山城。从 JR 德岛站走到公交站也要花费 40 分钟。尽管如此，每年来拜访这座山城的人却有 1800 人之多。

来访者希望与开设在神山市的各企业办事处共谋发展。如 139 页表格所示，总部在东京、大阪等城市的企业都在这里设立了办事处。办事处的职员们可以通过互联网工作，以实现自身的价值。而且，办事处也可以在当地招贤纳士，为小城青年创造就业机会，拉动地方经济增长。

现在，神山市充分研究了“共享型办公室”和“黑心企业”等现象，去芜存菁，在探索新工作方式的同时，推行快工作、慢生活的城乡结合式的发展模式。

各企业办事处的设立要归功于神山市 NPO 法人制订的绿色村庄计划。但是，绿色村庄计划在制订企划案时，并没有把招商引资也列入计划之内。该计划只是帮助中意神山市生活环境的企业找到符合其要求的办公室而已。尽管如此，各大企业还是在这里开设了办事处。这种令人费解的现象引起了媒体的广泛关注。记者们还对这里的情况进行了连续报道。于是我们不禁要问："为什么大企业会在小山城里设立办事处呢？"

先种梧桐树，再引来金凤凰

能回答这个问题的只有设计思维。绿色村庄计划的理事长大南信也先生和于 2013 年 12 月访问神山市的庆应大学研究生院系统设计管理专业客座教授保井俊之先生都认为，是设计思维拯救了这个山城。

"外乡人能在农林业中看到本地人看不到的风景与价值。这对振兴地方经济有着积极的意义。"

大南信也

NPO 法人绿色村庄理事长

大南先生于 1953 年出生在德岛县的神山市。日本大学理工学院毕业后，他又在斯坦福大学的研究生院进行深造。回国后，大南先生回到了故乡，子承父业从事建筑行业。1992 年，他成立了神山国际交流协会，1999 年启动了"艺术家公寓"项目。2004 年，他把交流协会更名为 NPO 法人绿色村庄，并积极地投身工作，为建设家乡发光发热。

实际上，绿色村庄的建设方法和设计思维有很多共同点。在建设过程中，各类人才齐聚一堂，打造出了共创新生活的环境，孕育出了无限的可能性。

NPO 法人之前是有着 20 多年历史的“神山国际交流会”的工作人员。交流会的工作目标是“打造美好的日本乡村”。1999 年，他们邀请了许多外国艺术家来此采风，并为艺术家们提供了住处和生活费。在此期间，他们启动了供艺术家搞创作的“艺术家公寓”这一项目。迄今为止，共有来自 18 个国家的 50 多位艺术家访问过这座小城。通过与当地百姓互动，艺术家们创作出了很多优秀作品。

此后，他们开始招募“实力派”人才，并实施了“工作达人公寓”计划。此时，有一技之长的影视制作人和面包师来到了这里。影视制作人以山石滑落而形成的村落为主题，拍摄了神山市的宣传片。当人们开始关注用石锅烤面包时，来神山市开面包店的人就越来越多。现在，神山市不仅有了法式西餐厅，还开办了每天换一位厨师的共享型大食堂。

在前景不明的情况下，想做出一番事业是很难的。筹划方并没有用设计“可爱的吉祥物”或推出“风味小吃”等俗套的方式来发展地方经济。它们广招人才，为大家提供了实现梦想的试验田，并让他们的梦想成为地方经济发展的原动力。在以人为本的理念的影响下，越来越多的人来这里安家落户，就连思想前卫的风险企业和创业者们也在这里开设了办事处。

大南理事长说："IT 人士能在农林业中看到本地人看不到的风景与价值。这对振兴地方经济有着积极的意义。"

艺术家和创业者发掘到了神山市的潜在价值，为其发展注入了强大的动力。

● **人们的口耳相传提高了神山市的知名度，振兴了地方经济**

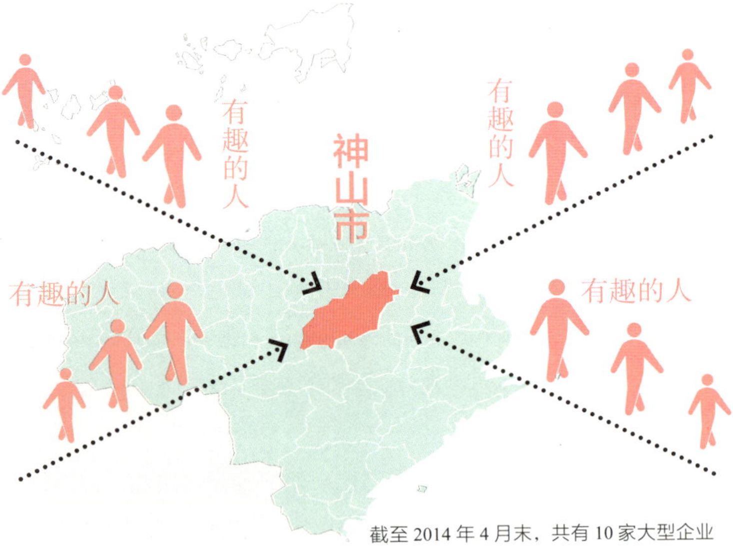

截至 2014 年 4 月末，共有 10 家大型企业在神山市设立了办事处。在 NPO 法人绿色村庄的带领下，神山市人民致力于招商引资，终于引来了金凤凰，带动了地区人口的增长。组织者希望用这种方式让更多的人才留在神山市。神山市欢迎更多怀揣梦想的人来到这里，投身地区建设

● 在神山市设立办事处的企业一览

Sansan（东京）	“Sansan”“Eight”主营名片管理云服务的策划、开发及出售等业务。曾把 70 年前的旧民宅改建成了“神山实验室”，并在神山市开展业务活动
Drawing And Manual（东京）	是一家为影视剧制作片头画面或网站的平面造型设计公司。2014 年 2 月，它们以“神山村庄·办事处·情节”为主题，举办了一场研习会
Kinetoscope（大阪）	主营网页制作的关西企业。2012 年它们把越层的储物间改造成了办事处
plat-ease（东京）	公司的主营方向是编辑、发送影视节目的元数据。它们开设了后援中心“神山中心”。2013 年 6 月，它们在神山市成立了实施新一代高清播放“4K”“8K”实证实验新公司“engawa”，设立了“engawa 办公室”
Sonorite（东京）	是一家为 NPO 法人的运营提供支持的机构，主要业务是电话接听和文本输入。在把旧民宅改造成办事处时，在当地招募来的员工也参加了改建工作
Dunksoft（东京）	业务内容为整合网站的策划、制作、咨询、办公室无纸化作业等“新工作方法”。2011 年，它们在神山市的办事处实施了实证实验

“Found in Translation”：展现日本的别样风情

2014 年 9 月，日本驻英国大使馆在伦敦举办了“Found in Translation”展会。主办方希望能够在 2020 年东京残奥会上向外国人展现日本人未曾发觉的日本之美。

展会项目的策划经理是效力于英国 Seymourpowell 设计咨询公司的池田武央先生。他说：“日本人曾举办过很多向外国人介绍日本的展会，但这些展会多是日本人在揣度外国人喜好的前提下策划出来的，我们不办那样的展会。我们只想还原一个访日者眼中的日本。”

池田先生与 Winkreative 设计咨询公司的物延信先生及 PDD 的井上纪彦先生等三名设计师在三个月内采访了众多有访日经历的外国人，并收集到了 300 多条令人耳目一新的感想和心声。在处理这些心声时，他们与居住在伦敦的日本留学生、设计师、插画师交换了意见，决定把作品以简明易懂的方式表现出来。

他们认为应客观地展示日本的优点和缺点。例如，日本的出租车司机大多会给人一种“服务周到”“认真负责”的印象。可物延先生说：“不喜欢日本出租车司机的外国人并不在少数。”而且，很多外国人都认为“日本的出租车司机没有把客人送到真正的目的地”。这种反馈就能让大家知道日本出租车司机的改进方向了。

其实，日本人以一厢情愿式的热情去开拓海外市场的失败案例还有很多。在策划时，应借助国外设计师的力量，认真作业，规避风险，收集有效信息。

采访有访日经验的外国人后制作的感言板。展板上展示了外国人对日本的正负两面评价，如实地表现了外国人眼中的日本。这是展板的一大亮点

日本便利店内繁多的功能在伦敦是被这样分开表示的。示意图能让人们对日本便利店的功能和服务有更为客观的理解

设计总监：物延信 项目经理：池田武央 生产经理：井上纪彦
制作 / 参加研习会人员：天野刚 今井晴日 岩本启一 岩崎美绘 宇山纺 太田真纪 葛西毅亮 笠野美菜 龟田真志保 河村优子 木村惠美理 久保洋平 黑山贵史 佐藤壮马 关真人 竹森规子 谷本司 都志朋弘 道伦·埃里克 佩里·席勒·格林 船桥实惠 正光亚实 三池望 三木贵子 泉二希 山口晃央 山本实由 杨格·特瑞佛斯·卡特·巴龙 若林玄

其他案例

形成全局观，寻找新答案

提出“创意改变世界”理念的美国 IDEO 公司在产品设计和其他领域都做出了喜人的成绩。146 页起的六个案例就是它们的作品。这些方案在解决问题的同时，也改变了人们的行为习惯。可以说这些方案具有强烈的创新性，它们不仅推出了产品与服务，更给人们带来了前所未有的新体验。这是因为 IDEO 公司的设计师在企划时，总是能够高屋建瓴地看待问题，提出有效的解决方案。

设计要以人为本

这些案例分别是：为新西兰航空公司和 pillpack 公司量身定制的、带给消费者新的飞行体验的企划案；节约食堂成本，为学生们提供物美价廉的午餐的企划案；提高美国州立农业保险公司年轻用户投保率的企划案；改善加纳卫生条件的企划案；印度 VisionSpring 项目企划案。这些以人为本的企划案在改变人们行为习惯的同时，也提高了人们的生活质量。

IDEO 公司 Tokoy 的高级主管设计师石川俊祐先生说：“设计思维的出发点必须是人。问卷调查的结果是无法反映人类行为本质的。那些平时省吃俭用的人很有可能会买下一台豪车。所以，IDEO 公司的设计师在工作时，必须要时刻牢记以人为本。”

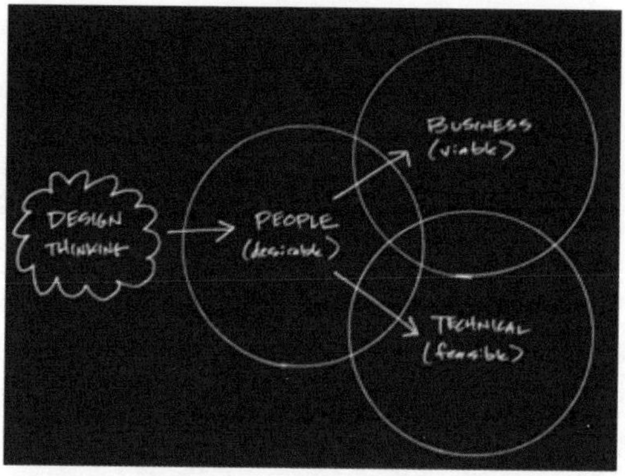

IDEO 公司设计思维核心问题示意图。设计思维要求设计师在工作时要牢记以人为本，时刻把顾客需求放在首位。此外，还应该注意先进的技术与可持续性经济发展间的关系

只有观察人们的行为，才能体察到他们的真实想法，发现新问题，找到新思路。如何才能把消费者的需求和可持续性经济发展联系在一起，什么样的技术才能将理想变成现实，这些都是设计思维的核心问题。

家庭机舱

2010 年，新西兰航空公司在购买波音“777-300”时，与 IDEO 公司共同改造了长途航班的机舱座椅。航空公司希望能在设计方案中体现出新西兰的文化特质。为此，IDEO 公司特地召开了研习会，对新西兰文化进行了深入的研究。它们发现：新西兰人热爱自由，喜欢享受悠闲自在的时光。结合这些特点，IDEO 公司研发出了新式机舱座椅。舒适的新座椅不仅让漫长的航程变得轻松有趣，还让人们享受到了飞行带来的快乐。

改进医药公司的服务质量

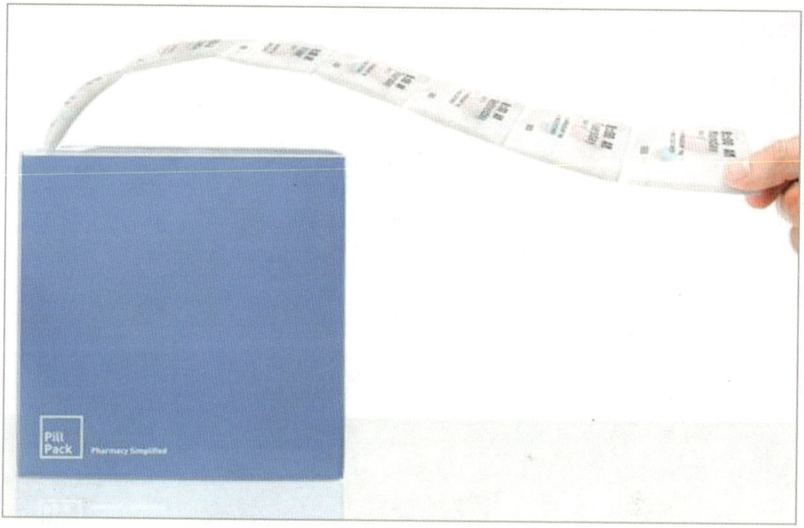

患有慢性疾病的人很难做到长期服药。

网上药店 pillpack 公司研发出了只要患者在线下单，药剂师就能为患者提供私人保健式的服务体系。每隔两周，药剂师就会把服药说明打印出来，邮寄到患者家里。由于每次所服药量都被点胶机封存在了一个小口袋里，所以患者再也不用担心自己会“吃错药”了。该方案不仅提升了私人保健的服务质量，也改变了人们的工作方法。

食堂午餐企划案

IDEO 公司与美国加利福尼亚州第七大学区共同改良了学校食堂的供餐服务。它们不仅制作出了新菜单，还对学生们的就餐体验做出了全新的思考。经过调查，IDEO 公司的工作人员发现：食堂午餐虽然能满足学生日间所需营养，但学生们却不愿意来食堂就餐。

根据学生们的就餐特点、用餐时间和年龄层等数据，IDEO 公司的工作人员提高了食堂午餐的品质。由于企划案大大地降低了食堂成本，所以前来就餐的学生也越来越多。而且，餐厅环境也得到了大幅度的提升与改善。

让年轻人了解保险公司

美国州立农业保险公司希望能签下更多年轻人的保单。它们与 IDEO 公司做市场调查后发现：很多年轻人都觉得保险公司和自己的生活没有关系。对他们来说，保险是个很沉重很压抑的话题。

为此，它们创建了一间名为“下一道门（NEXTDOOR）”的网上交流室。房间的黑板上写满了免费理财讲座和瑜伽教室的上课时间。此后，共有 8000 人登录了这间交流室，成为了保险公司的会员。

贫困地区的眼镜保障体系

在印度，检查视力配眼镜要花很多钱。很多视力不好的人会因此而失去就业机会，无法赚钱养家。IDEO 公司和总部在纽约的、支援发展中国家建设的 VisionSpring 公司联手为当地人提供了质优价廉的眼镜服务系统。
该系统也为当地人创造了就业机会。当地的员工们都在学习设计思维以人为本的核心思想。

改变人们的卫生意识

在加纳，人们不爱去离家很远的公共卫生间上厕所，他们经常用塑料袋解决如厕问题。IDEO 公司在提案时，把改进人们的卫生意识也列入了计划之中。它们在调查初期制作了原型，收集了大家的反馈意见。

最终，IDEO 公司推出了不需要“清洁队”的设计方案。它们给每个家庭都设置了简易的卫生间，每周发放三次除臭剂，打扫三次卫生间。这个方案不仅提高了人们的卫生观念，还降低了排泄物的回收成本，可谓一举两得。

デザイン・シンキング

06

步调一致才能取得胜利

照猫画虎是不会成功的

本章由两个部分组成：企业在推广设计思维时的注意事项；探讨如何用设计思维做出成绩。注意，设计思维并不是万能的，邯郸学步并不能获得成功。

因为人们对新事物的接受能力相对较差，所以在公司里推广设计思维绝非易事。企业领导要是对这种新思考法持怀疑态度，则其他人更不可能有兴趣听你“讲经说法”。而且，设计思维能否为企业带来效益还是个未知数。所以，为了让大家看到希望，我们可以先对既有产品和服务进行改良。领导和同事们在看到成绩后也会愿意接受这种新方法。相反，如果一开场就大刀阔斧地谈创新，大家肯定难以接受，推广计划也容易胎死腹中。

如何才能把设计思维顺利地推广开来呢。我们不妨向已经通过采用设计思维做出成绩的企业负责人取取经。这些先行者分别是 ACHILLES 公司、包装盒生产商 HAMANO 包装公司，以及 IT 业的 SCSK、SAP 日本公司和贝乐生集团。它们结合自身情况用设计思维指导实践，最终取得了可喜的成绩。

ACHILLES 公司是在小项目上取得成绩后，才大力推广设计思维的。而 HAMANO 包装公司认为真正的服务对象应该是终端消费者，只有满足他们的需求才能取得成功。

SCSK、SAP 日本公司、贝乐生集团等企业根据顾客的需求培养出了能适应未来社会的新型人才。由于它们把设计思维确定为公司的指导思想，所以其后期的推广工作也开展得非常顺利。

不要让设计思维变成昙花一现，要让它在企业里生根发芽

我们的记者曾向 ACHILLES 公司、HAMANO 包装公司，IT 服务商 SCSK、SAP 日本公司、贝乐生集团等企业的负责人请教过他们运用设计思维取得成功的经验。这些企业之所以能够做出成绩，是因为它们结合公司情况对设计思维做了适当的调整。

人气产品“瞬足”系列

ACHILLES 公司运动鞋业务部企划部产品供应计划室的副部长津端裕先生说：“首先，在小项目上做出成绩，让大家看到希望是非常重要的。只要大家对未来充满信心，以后的工作就能顺利开展。”可见，推行设计思维首要的一点就是要让大家看到希望。

津端先生在实地考察的基础上，研发出了 ACHILLES 公司的超人气产品“瞬足”系列儿童运动鞋。通过观察孩子们在运动会中跑步的姿势，他发现孩子们在左转弯时跑步非常吃力。于是，他在瞬足运动鞋的左脚外侧和右脚内侧增加了防滑功能。这种设计颠覆了“鞋要设计得左右对称”的常识，为孩子们打造出了一款助跑神器。2003—2013 年的十年间，这款运动鞋创下了 4000 万双的销售业绩，是当之无愧的人气产品。

“有了成绩也不能骄傲。因为竞争对手很快就能仿造出同类产品。必须仔细观察用户，创造出其他公司无法模仿的个性产品。普通的运动鞋只能给擅长运动的孩子锦上添花，而我们的产品是在给不擅长运动的孩子雪中送炭。这就是我们的产品价值。”津端先生说道。

广受消费者喜爱的瞬足运动鞋最初只是一个小项目。产品研发负责人津端先生是以个人名义进行实地考察的。他坚持参加自家孩子所在学校的运动会，并将课题设定为提高跑道转角处的稳定性。在最初的试发售阶段，只有 300 家鞋店愿意代售这款运动鞋。后期，瞬足运动鞋的销量越来越好，市场也越做越大，它的年销量竟超过了 600 万双。这样的业绩让大家看到了希望。2011 年，产品供应计划科向新目标发起了挑战。瞬足运动鞋的研发经验也被应用到了其他产品的研发上。现在，为了发现更多的可能性，员工们经常去全国各地做实地考察。

Point 1
ACHILLES 公司

千里之行始于足下，从小项目做起

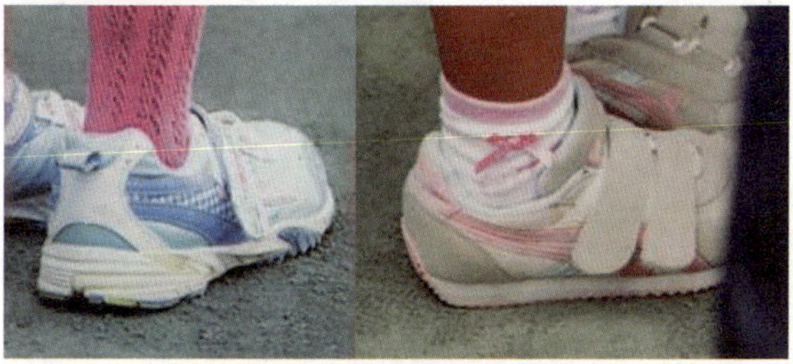

ACHILLES 公司的津端先生细心观察过孩子们在运动会上穿着运动鞋跑步的样子。最终，他开发出了“瞬足”运动鞋

左图为截止到 2013 年累计销量突破 4000 万双的畅销产品“瞬足”系列运动鞋。2013 年 ACHILLES 公司与顺天堂大学共同开发的“足育（SO·KU·I·KU）”运动鞋

Point 2
HAMANO 包装公司

找出真正的消费者，观察他们的行为，满足他们的需求

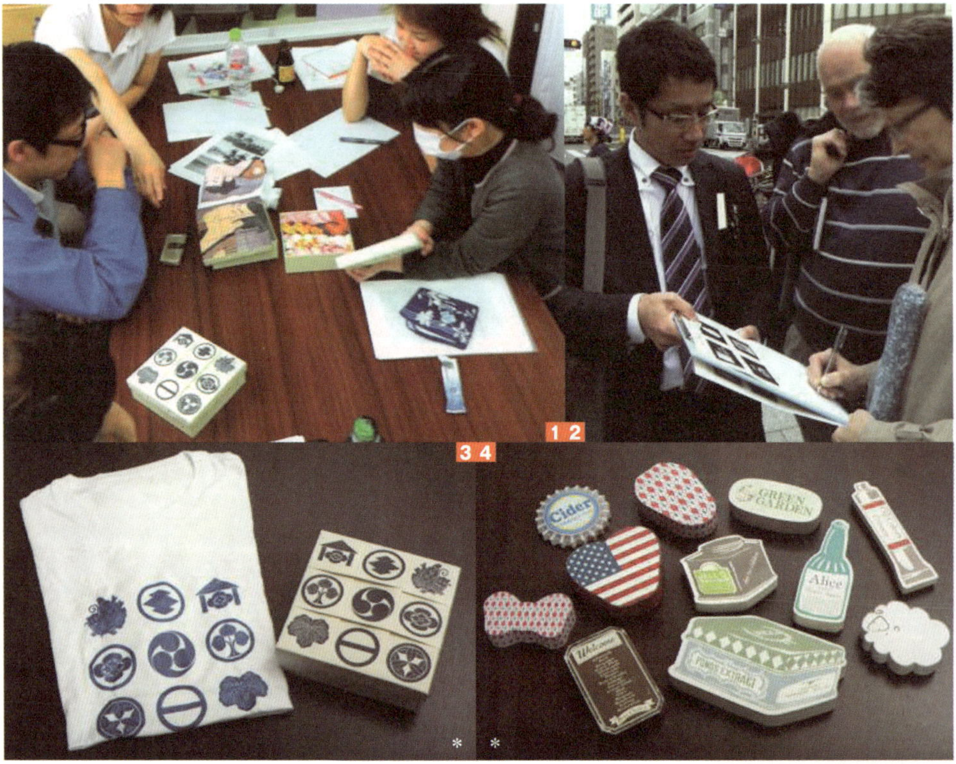

1 在实地考察的基础上，全体员工一起讨论新产品的开发事宜 2 把产品原型展示给东京浅草地区的外国游客看，听取他们的意见 3 出现了“把包装盒的图案和盒子里产品的图案相统一”的建议 4 用独特工艺制作的新包装盒拥有完美的曲线

总经理滨野恭至先生说：“我们以本次尝试为契机，今后会开发出更多的新产品。”
（照片为直江龙也提供）

后来，津端先生在考察中又发现了一个新问题——孩子们的脚越来越小了。越来越多的孩子反映现在的鞋又大又不合脚。大家在实际测量后发现：孩子们的脚真的变小了！于是，津端先生创建了一个“孩子们的脚发育迟缓”的假设。2013 年，在该假设的基础上，ACHILLES 公司和顺天堂大学共同研发了新产品“足育（SO · KU · I · KU）”。由于足育鞋底促进儿童脚掌发育的功能引起了家长们的关注，所以它的销量也非常可观。

团结一心，积极进取

设计思维的第二个要点就是把握消费者真正的需求。位于兵库县姬路市的礼品、高级点心包装盒生产公司 HAMANO 包装公司，把目标对象锁定为“最终消费者”，并运用设计思维改良了产品。

HAMANO 包装公司成立于 1954 年，它的合作伙伴多是礼品和高级糕点的生产商。不过，包装盒的真正的使用者却是普通消费者。于是，它们开始关注普通消费者的需求，创造价值，开拓市场。

HAMANO 包装公司的总经理滨野恭至先生说：“包装盒的设计很重要。但是生产商总是会优先考虑成本问题。所以，我们在把握普通消费者的需求的同时，要与合作伙伴并肩战斗，争取用我们的包装盒为它们的产品提升价值。”

在庆应义塾大学研究生院系统设计管理研究特聘讲师福田欣和先生的帮助下，滨野先生开始运用设计思维指导工作。为了推行新方法，他让业务部、制造部、营业部等全体员工都参加了这次实践。大家去用 HAMANO 包装公司的包装盒打包出售产品的百货商店做了实地考察。在考察过程中，员工们详细地记录了消费者的眼神和手势等细节。

最终，大家理解了包装盒的意义和价值——熟食当然不需要包装盒，但像礼品和高级糕点之类的产品，还是需要一个漂亮的包装盒的。

讨论之后，大家一致认为“过去我们只管做包装盒，对盒子里的产品考虑得太少了”。还有人提议道：“如果把包装盒的图案和盒子里产品的图案相统一，可能更利于我们的合作伙伴出售产品。”

于是他们按照设计方案做出了产品原型。印有家纹图案的折纸风包装盒充分地诠释了“和风之美”。此外，他们还收集了合作伙伴、国外企业以及旅日游客对包装盒的反馈意见。大家都觉得盒子设计得十分精美。一些外国企业还表达了愿意与他们合作的愿望。

对未来充满信心的滨野先生说：“这种工作方式会激发员工们的进取心，成为他们前进的动力。”在设计思维的指导下，精美包装盒（158 页照片）正源源不断地流入市场，走进寻常百姓家。

Point 3

SCSK

请领导也参与进来，提高全体员工的积极性

1 钻研设计思维，从用户的角度看待问题

2 向经营主管介绍各组的研制成果

3 经营主管表扬优秀的方案，以此激励员工的积极性

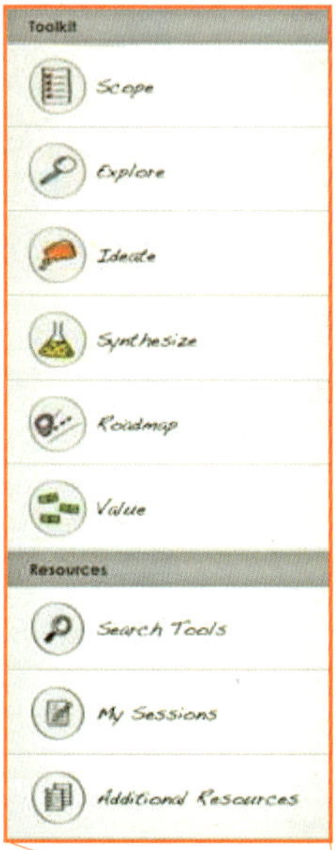

Point 4

SAP

日本分公司为全体职工打造用信息化工具推行设计思维的工作环境

上图为 SAP 日本分公司使用“设计思维工具箱（DESIGN THINKING TOOLKIT）”工作的实拍（右）智能系统运作，点击主页面左上角图标就能看到菜单（左）根据设计思维的推行情况，各阶段应实施的内容都被写进了系统功能里

“共创美好未来奖”的创意大比拼

主营信息系统服务研发的 SCSK 公司用设计思维在新项目提案会上设置了“共创美好未来奖”。为了加快设计思维的推广，公司领导以身作则，率先学习这种思考法。为了让大家看到公司的决心，SCSK 公司在提案时，会把产品原型的预算经费也考虑进来。该提案会每年都会召开一次。2014 年的大会上还诞生了两个新项目。

“我们在公司转型、项目研发、系统研制等工作中都会采用设计思维思考法指导实践。现在，设计思维已经在公司里生根发芽，结出了丰硕的果实。”公司业务战略负责人东田圭介说。

当然，推广过程也并非一帆风顺。有时候，有的项目会不幸夭折。因为研制产品、研发服务是需要很多经费的。虽然设计思维有助于人们开拓市场，却不能预测市场前景。为了降低风险，企业也会陷入进退两难的尴尬境地。

如果公司领导不敢承担风险，那么员工们的努力就会付诸东流。为了提高大家的积极性，SCSK 公司决定在公司内部大力推行设计思维。

Point 5

贝乐生公司

培养适应时代需求的新型人才

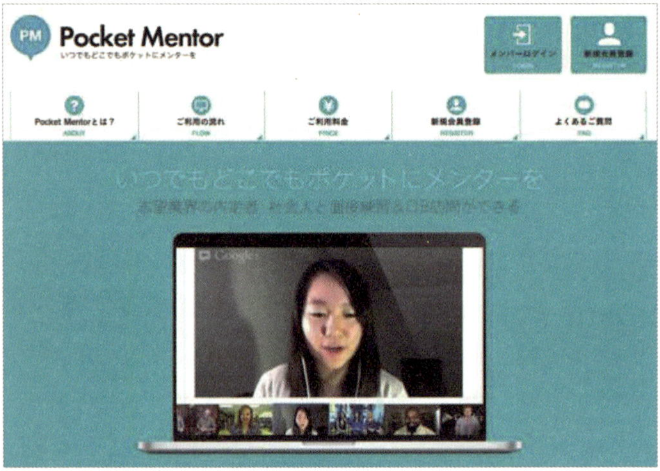

“Pocket Mentor”能帮助毕业生在网上找工作，参加面试活动

为女性提供服务的“buckeli”网。用户可以在网上搜索解决问题的答案

用设计思维设计提案

想要让大家掌握设计思维思考法，只开研习会是不行的。推广时必须做到知行合一。实践是推行设计思维的关键。SAP 日本分公司在实践过程中研发出了一种智能工具。它也是设计思维的研究成果。

SAP 公司是总部位于德国的跨国企业。在企业创始人哈索 · 普拉特纳的援助下，美国斯坦福大学成立了普拉特纳设计学院（设计学院）。因此，该公司和设计思维有着不解之缘。由于全公司都在推行设计思维，所以 SAP 日本分公司也从 2013 年起让系统工程师和营业员去学习这一思考法。大家在处理内部业务和向客户提案时，都用到了这种方法。而且，员工们的办公用具也是一项研究成果。

创新推进负责人原弘美女士说："我们不能只满足于解决客户浅层次的需求，还要深化思考，和客户一起寻找答案，制作出新的信息系统。"

公司内部的 SNS 网络服务为员工们创造了良好的交流环境。这样的工作环境也一定会成为公司走向光明未来的强大保障。

把研修费用作为项目研发经费

不要让设计思维变成昙花一现，要让它在企业里生根发芽。不要因为它新颖就对它萌生三分钟热情，也不要短期内看不到成果就心灰意冷。这些忽冷忽热的态度都不利于设计思维的推广。要注重人才培养。该方法一旦在企业中传播开来，员工们的意识就会发生变化。要不了多久，设计思维就会成为企业的主导思想。贝乐生公司就是为了培育新型人才才在公司里推行设计思维的。

“像把数码技术应用于教育事业这样的业务今后还会越来越多。所以人才研发部才会大力推行设计思维。”公司人才研发部的片浏健二说道。

2013 年，设计出新提案的 20 名员工参加了设计思维研修课程。在此期间，他们还对客户和在其他公司工作的朋友做了采访调查。

2014 年，有两项提案从众多备选方案中脱颖而出：一项是为女性提供参考建议的网站“buckeli”；另一项是毕业生就业网“Pocket Mentor”，它能为毕业生在网上投递简历和参加面试提供帮助。公司也为此投入了大量的人力和物力。这两个项目都是大家在多次讨论之后才决定实施的。网站的研发费用也纳入了预算。最终，积跬步以致千里的贝乐生公司终于成就了一番大事业。

在纵观全局的前提下，上述企业把设计思维应用到了公司创新的最前沿。

汤姆•凯利和他的哥哥大卫•凯利（美国 IDEO 公司的合伙人）将一个最初只有 15 名设计师的小工作室发展成了拥有 600 名员工的大公司。他的著作有《创意公司》《创新达人》等。

（照片：丸毛透）

汤姆•凯利

美国 IDEO 公司的合伙人

机不可失！珍惜灵感降临的瞬间

我社记者有幸采访了美国 IDEO 设计咨询公司的合伙人汤姆·凯利先生，并探访了他对设计思维的应用现状和未来发展的看法。设计思维之所以备受关注，是因为许多上班族都将其视作研发新产品的法宝。凯利先生说："要珍惜灵感降临的瞬间。为找到更好的解决办法，一定要广开言路，集思广益。"

记者：在您看来，过去这 10 年间都发生了哪些变化？

凯利：应该说，人们对设计的认识和对设计师的要求都发生了很大的变化。过去，"设计"主要是指产品改良。可设计思维的设计范围却比这要大得多。现在，设计思维不仅能改变新加坡文化，还能支援秘鲁的教育事业，为它们设计出更合理的教学大纲。

此外，设计思维还可以用来解决老龄化等社会问题。所以说，"设计"并不是设计师的专利。对积极进取的人来说，用有"创意"的思维看问题是非常必要的。

记者：普通人如何才能像设计师一样去思考问题呢？

凯利：很多人都问过我这个问题，毕竟大家不是训练有素、经验丰富的设计师。我们应在平时养成爱思考的习惯。如果你去问音乐家如何才能弹奏出优美的乐曲，他一定会告诉你："我每天都要坚持做六个小时的训练。"

同理，只要你坚持练习，就一定能掌握设计思维思考法。例如，当你面对地铁站里空无一物的墙壁时，你可以思考这面墙能做些什么。如果你能养成勤于思考的习惯，就会在生活中发现无数值得探讨的课题。

其实，每个人都有与灵感不期而遇的瞬间。我哥哥大卫·凯利在洗澡时容易找到灵感，我在起床时容易找到灵感。虽然灵感的降临时间因人而异，但只要刻苦训练，大家都能用设计思维解决问题。

切记，一定要把灵感及时地记录下来。要把握时机，抓住那个灵光乍现的瞬间。你可以把自己的想法写下来，千万不要浪费掉这个瞬间。另外，也不要急于判断该想法的优劣。先把它记录下来就好。要用海纳百川的心态尽可能多地去寻找新灵感。因为只有通过量的积累才能达到质的飞跃。

记者：最近，信息技术成为了人们的关注焦点，请问它和设计思维有何关联？

凯利：我认为二者是相辅相成的关系。例如，如果用该技术分析消费者的话，就只能得出浮于表面的消费者形象。但设计思维能把握消费者心理，对其进行准确的定位。

如果把两种方法相结合，就一定能更好地了解消费者的需求。其实，IDEO 公司在工作时会把大规模网络业务和信息数据结合在一起。用数据和图像表现出来的设计方案能让设计思维在工作中发挥更大的作用。

田子学，艺术指导兼设计师，毕业于东京造型大学设计管理专业，其后就职于东芝设计中心，从事家电、信息机器的设计开发等工作，担任过 REALFLEET 设计管理负责人。他于 2008 年创立了 MTDO，现为日本设计振兴会“好创意奖”审查委员。

田子学

艺术指导兼设计师

创新的三要素：工作、实验、爱

我社记者采访了在庆应义塾大学研究生院系统设计管理研究科（SDM）提倡“系统思考法”的特聘教授田子学先生，向他请教了关于设计在未来社会的作用及其与企业的关系的看法。

记者：您非常推崇系统思考法吧？

田子学：系统设计就是把设计融于系统，它要求设计师在研发的过程中找出一种适用于整个系统的设计方法。它和设计思维有很多共同之处，但我们不能把它理解为像“设计家电”的那种拘于形式的、仅限于设计手法的设计。我之所以在庆应义塾大学讲课，是因为我想告诉学生们：设计不仅仅是一种研发手法，更是一种工作方法。我希望学生们对设计产生更深刻的理解。

SDM 是一个研究生院。这里 70% 的学生都是负责企业经营管理的上班族。它既是一个将设计和社会联系在一起的“婚介所”，也是个向企业管理者宣传设计思维的大讲堂。

记者：创新举步维艰，企业不能发展壮大的原因是什么？

田子学：因为企业没有把实验进行到底。在产业繁荣的 20 世纪 80 年代，人们具有强烈的创新意识和开拓市场的热切愿望。例如，在没有随身听的时代，“Walkman”的问世就是一大创举。而在能够预测到市场前景的今天，人们反而失去了挑战新事物的勇气，出现了争抢既有市场的恶性竞争。

在研究市场时，首先要考虑新产品能否方便消费者的生活。国际化这个词已经被人们讲了很久了。但是国际化和会不会说英语没有关系。如果企业不能定位自身的价值，那就无法迎接国际化带来的挑战。

记者：今后，什么样的设计才能为企业带来价值？

田子学：在为消费者提供服务时，企业不能只关注自己的产品，还要多看看外边的世界。经营者和顾问虽然习惯用逻辑分析法处理数据，但却不能用同样的方法向消费者介绍产品。

只有实现了使用价值的产品与服务才能产生价值。企业制作的产品说明如同写给消费者的“情书”。而传情达意不能只靠“因为所以”式的逻辑推理，必须要动之以情。否则消费者将不会做出反应，不会对产品或服务产生兴趣。所以说，设计并不仅限于设计产品的颜色和形状。只有理解设计的本质，研发出来的新产品才有未来可言。

デザイン。シンキング

07

让设计师成为企业的主力军

开创设计师挂帅的新时代

至此，我们已经看到了很多企业运用设计思维研发产品、开拓市场的例子。不过，设计思维的受益者却不只有企业。

设计思维也可以用来做对外宣传。例如，SAP 日本分公司为客户制作提案时就用到了设计思维。它们把设计师安排在生产一线，以便让设计师从新的角度向顾客介绍提案的价值。

内田洋行的设计师在为客户做提案时就充分发挥了聪明才智。集团公司 POWER PLACE 独具匠心的提案让大型物流公司大和集团的“羽田 chronogate”收到了大量的考察申请表。

儿童药设计实施委员会与医药企业运用设计思维制订了解决儿童吃药难问题的提案。此外，TAKT PROJECT 设计公司的设计师也为社会建设出谋划策，贡献着自己的力量。

研发、销售企业信息系统的 IT 设计师们为行业的发展做出了巨大的贡献。

为了制订出能够满足市场需求的新方案，富士通、NEC、东芝、三菱电机信息系统等企业把设计师安排在了生产一线。前文提到的 META 自来水公司、SEVEN 银行、柿本荣三美容院和 WORLD 等服装企业的案例都是 IT 行业的设计师在生产一线工作时所取得的成绩。

随着设计思维的推广，设计师的职责也发生了变化。设计师的岗位编排将决定企业的发展方向。

广受关注的研修项目："羽田 chronogate"

至此，我们已经看到了很多企业运用设计思维研发产品、开拓市场的案例。除了能为企业寻找出路，设计思维还可以用来设计对外宣传提案。例如，内田洋行为客户做提案时就应用了设计思维。构思新颖的提案也得到了客户的认可。儿童药设计实施委员会、TAKT PROJECT 设计公司的设计师都为新产品的研制做出了贡献。下文讲述的就是它们的成功案例。

能够体现"大和集团精神"的提案

2013 年 9 月，日本国内最大的物流基地在东京羽田机场附近开业了。它就是大和集团斥资 1400 亿日元打造的"羽田 chronogate"。这一物流基地是它们放眼亚洲、面向未来，为实现"价值信息网"这一伟大构想而创建的大型设施。现在，每个月都会有 3000 多位考察者慕名前来，大家都想领略这个基地的风采。

“羽田 chronogate”来访者考察展厅的墙壁上写满了大和集团各企业对社会价值的理解。拉开抽屉，就能看见介绍各集团企业的材料

其实，基地的诞生实属偶然。大和集团在之前一年就向各家设计公司征询过建设意见。在众多提案之中，它们采纳了大日本印刷公司和内田洋行提供的方案。其他设计公司建议把这里建设成一处文娱设施，但大日本印刷公司和内田洋行却提议把这里建设成展现大和集团风采的展览馆。

实际上，该方案的真正策划者是内田洋行旗下的 POWER PLACE 设计分公司。

“与其给大家看 3D 动画，不如把大和集团最真实的一面展现给世人。这样才能让顾客和合作者充分地了解大和集团，成为它们的忠实支持者。”POWER PLACE 关系设计中心互动设计部部长兼高级指导若杉浩一说。

向来访者讲述大和集团的故事

POWER PLACE 设计创立于 2003 年。它们从办公室设计起步，后期逐渐扩大了业务范围。目前，它们不但能设计出专用设备，还具备了策划交流活动的能力。从 2012 年起，它们开始致力于“关系设计”项目的研发与设计。

“除了介绍大和集团的业务内容，还要向客户讲述产品的故事与来历。设计的关键在于把企业的潜在价值以可视化的形式展现给消费者。”POWER PLACE 常务总经理兼关系设计中心负责人村浩二说道。

在给大和公司做设计提案时，他们认为与其向考察者展示先进的物流设备，不如从普通人的视角出发，向考察者讲述大和公司的故事。“我们公司也是第一次设置考察设施。在收集上来的提案中，有的提案侧重表现系统的先进性，有的提案想把孩子们的娱乐项目提上议程。最终，我们还是觉得内田洋行的提案更能展现‘大和人’的风采，能让客户信任我们，愿意与我们合作。”大和控股集团广告战略负责人片桐章裕说。

2012 年夏，大和集团与大日本印刷公司、内田洋行频繁地召开研习会，对考察内容展开了深入讨论。讨论初期，大家意见不一。入秋之后，各方代表的意见终于达成了一致。大和集团的高管片桐先生说：“看到大家达成了共识，我才把心放回了肚子里。”后期的进展非常顺利。大和集团和设计公司在合作时并不是委托方与受托方的关系，而是亲密友好的合作伙伴。双方总能以谈话和协商解决问题。

展厅设有向顾客致谢的“100THANKS”、羽田 chronogate 和以人为本的集团形象展。墙壁上还写满了大和集团各企业对社会价值的理解。这种新颖的表现方法得到了社会各界的广泛认可。纷至沓来的来访者甚至让预约变得非常紧张。而且，很多企业的经营者也对这个能展现企业价值的展厅表现出了浓厚的兴趣。

“100THANKS”的照片上写满了大和集团对顾客的感谢之情和大和集团的创业史。来访者大厅是用来自日本、中国以及马来西亚的木材搭建起来的。它展现了大和集团在世界范围内的业务实力。物流的动态是用 CG 技术投影展现出来的，这种方式简明易懂，让人一目了然

（照片：丸毛透）

1 正在讨论应如何向考察者表现公司特点的高级指导若杉浩一和POWER PLACE 的员工们

2 大和集团也参加了研习会，提案日渐明朗

3 讨论投影展示的实拍。CG 图像和投影仪应该以怎样的尺寸放映什么内容，都是有待商榷的问题

4 投影测试实拍。研发团队成员们在考察厅测评投影画面的效果

孩子和森友项目：获得解决孩子吃药难的好办法

由九州大学大学院艺术工学研究院平井康之副教授、NPO 法人儿童医药中村守男理事长等人组成的“儿童药设计实施委员会”运用设计思维解决了孩子们吃药难的问题。

为了解孩子们在吃药时遇到的问题，研发团队召集了一群学龄前儿童，通过观察他们的服药过程，发现了症结所在。此后，研发团队召开了研习会，完成了设计研发，原型试制及测评检验等环节。他们研制出了水服型药剂，改造了药瓶的形状，设计出了防止药水洒出来的启瓶器。大量的实验让他们在试用期间收集到了各种宝贵意见。

果冻药膏

成立于 2007 年的委员会于 2013 年实施了以吞咽药剂为主题的“孩子和森友”研习会。对于舌头和下颚尚未发育健全的儿童来说，吃药是件很困难的事。药片的苦涩和同龄人的耻笑让很多孩子都讨厌吃药。而且，孩子们也很少有能够表达自己意见的机会，所以吃药也成了他们的一大难题。研发团队得到了森友医药（大阪）的支持与帮助，研发出了备受孩子们欢迎的果冻药膏。

这是一种把药剂包裹在果冻里的药膏。孩子们在服用时既不会感觉到

● 用户参与型设计方法的流程

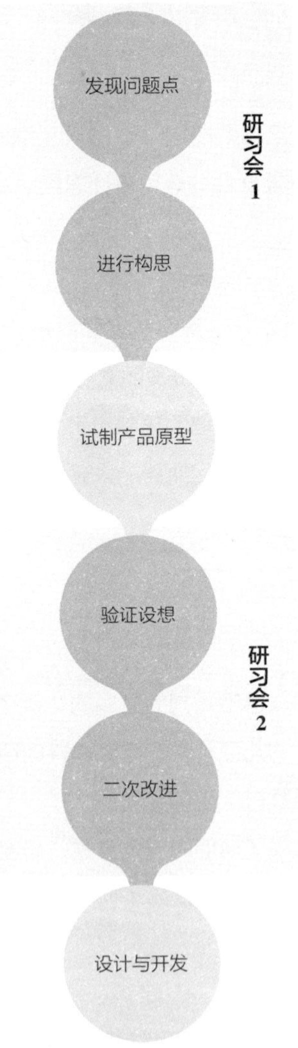

（节选自设计儿童药设计实施委员会的工作手册）

药片的苦涩，也不会被果冻卡住喉咙，吃药会变得非常简单。药片和果冻是独立包装的，按压时，后边的果冻会把前边的药片推送出来。如此一来，孩子们不用喝水也能把药片吞咽下去了。召开研习会就是为了把握儿童心理，满足他们的需求。

把孩子们的心声直观地表现出来

约有 30 多名 5~10 岁的孩子参加了于 2013 年 9 月 29 日和 12 月 15 日召开的研习会。在第一次会议上，大家围绕服药方式各抒己见，把各自的想法用直观的方式表现了出来。

“药片要设计得好看一点，这样我也愿意带去学校吃。”“别把药设计得太土气，那会让我在同学面前很没面子。”“一挤果冻就能吃到药，这样很方便。”研发人员综合了孩子们的意见，将构想变成现实，设计出了便携可爱的果冻药膏。

孩子和森友研习会实拍

果冻会沿此方向挤出来

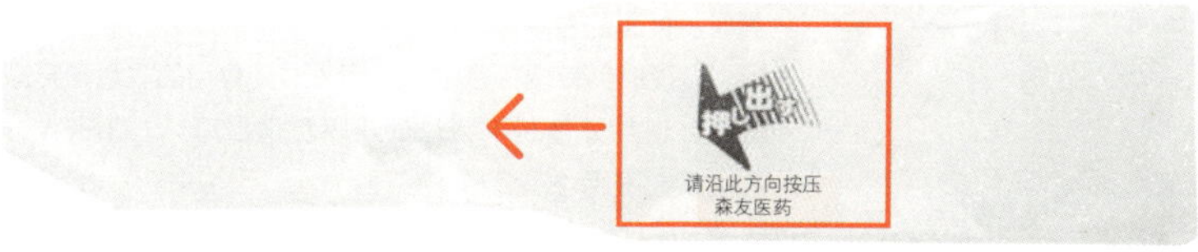

图为森友医药发明的果冻药膏，它是“解决孩子吃药难的法宝”。只要按压图中红色方框的部分，果冻就会把左侧的药片推送出来。孩子可以在最左端的开口处服药。果冻即使被挤压也不会泄露出来，非常便于携带。研发团队在研习会上利用这个技术，设计出了便于孩子们服药的药品包装袋

1

2

1 “护身符药盒”是一种以备不时之需的护身符形药盒把果冻药膏装进心形的药盒，再把药盒挂在书包上

2 “心形包装袋”是研发团队根据研习会上孩子们提出的意见设计出的包装袋

3 “吸管形包装袋”是可以在间食时间食用的吸管形果冻药膏。这种外包装不会让使用者觉得很尴尬，和别人一起就餐时服用也不会感到有压力

3

此后，研发人员用九州大学的设备制作了产品原型。在第二次研习会上，他们用产品原型验证了“如何解决吃药难”的问题，验证后再次讨论，交换了意见。

平井副教授认为，像这种用户参与型的研习会不宜每次都以同样的形式进行。他说：“要根据目的、对象来选择流程、方法和工具，这才是设计思维的正确实践方法。孩子们的意见都是他们最本真的想法。坚持用这种‘以人为本’的想法开展工作，就一定能取得成绩。”

2014 年，“孩子和森友项目”荣获儿童创意大奖（儿童用安全、安心且具有创意的好产品）和好创意奖。这项研究成果也获得了社会各界的广泛好评。

要尊重少数人的意见

儿童药设计实施委员会的团队成员们在研究如何解决孩子们吃药难的问题，并提出了相关方案。（左）秋田直繁（九州大学）、中村守男（药剂师）、田中恭子（儿童制药研习会主持人）、平井康之（九州大学）。未在照片中的松尾宏出子（医疗编辑）也在研习会现场

森友医药的总经理盛本修司先生指出：“老年人、弱势群体的意见对我们的工作有着不可忽视的重要意义。我们必须要重视医疗现场少数人的意见。”

这些意见也许并不是“正

确答案”，但却提示了一种新的可能性。孩子和森友项目并不是成年人的发明，它是孩子们心声的具体体现。森友医药将总结成功经验，在不久的将来研发出更多适于儿童服用的药品。

TAKT PROJECT 公司和静冈县用独创方法改良授产设施

有些设计公司运用设计思维为地区经济的振兴添砖加瓦。其中，TAKT PROJECT 公司就为静冈县内的授产设施工作人员提供了技术支持。自 2012 年起，这项名为一步项目（ONE STEP PROJECT）的志愿者活动每年都会举办 6~7 次。

授产设施是残疾人在学习技能、参加培训时用到的福利设施。他们可以在这里设计、出售各种产品。TAKT PROJECT 公司传授给了授产设施人员改进产品的分析方法。在静冈县设施加盟联合会主办的以“我”为主题的研习会上，TAKT PROJECT 公司的工作人员向授产设施工作人员传授了改良授产制品设计的方法。

“组织志愿者活动是为了扩大设计的应用范畴。如果只是改变产品的形状和颜色，就只能研发出短期的人气产品。只有授人以渔才能不断地生产出各种人气产品。”公司总经理兼设计师吉泉聪说。

在研习会上，工作人员被分为几个小组，经过讨论，大家发表了各自的见解。公司总经理吉泉聪先生及其工作人员以主持人的身份参与了各个小组的讨论活动（照片：Taishi Sakamoto）

研发授产设施的工作人员也积极地参加了各种研修活动，他们也想设计出能够提高利润的人气产品。

在研习会上，工作人员被分为几个小组，经过讨论，大家发表了各自的见解。TAKT PROJECT 的工作人员以主持人的身份参与了各个小组的讨论活动。

提示设计中的节点

一步项目的工作人员在指导设计时会使用 ABC 三张表格。在第一次研习会上，他们指导大家在表 A 上写出“产品的种类”“产品的卖点”“消费人群”“与同类产品的不同之处”等与设计目的有关的项目。“卖点”就是产品的价值，“消费者”就是设定的“目标”。此外，还要明确目标产品和同类产品的区别。把这些问题考虑清楚之后，就可以在小组中发表意见了。

表 B 上的“哪些方面需要强调”“哪些部分可以删除”“哪些细节可以加分”等事项应详细填写。填写时，应结合表 A 的设计目的（即“价值”“目标”“区别”等条款），强调想突出的部分，删除没用的部分，考虑能给产品加分的部分。

“和写作文一样，做提案也要做到主次分明，重点突出，删繁就简。为方便大家理解，我们的工作人员会给大家指出方案中起承转合的节点。”吉泉先生继续说道。

大家可以结合表格内容各抒己见，一起探求最佳方案。小组讨论能够有效地调动与会者的积极性。

提升对产品的信心

TAKT PROJECT 公司的工作人员根据表 A 和表 B 的内容，对各小组上交的产品原型进行测评。在三周之后的第二次研习会上，他们以“设计改进诊断书”为题，开始了新一轮的指导工作。

第三次研习会可安排在三个月之后。在此期间，授产设施工作人员可以根据诊断书的建议自行改进原型。当然，诊断书的建议仅供参考，设计者还是要按照自己的想法进行改进。除了原型展示，授产设施的工作人员还需在表 C 中写下改进后的“目的”“重点”等项目。

新产品一问世就得到了人们的好评。因此，消费者也认可了它相对较高的价格。而价格的提高也让授产设施的工作人员对市场前景充满了信心。

在一次研发时，大家认为应设计出“看起来不像口水巾”的口水巾。想制作出这样的口水巾，就得把刺绣的扣子换成真正的扣子。此外，为了提高口水巾的人气指数，还可以把它设计成时尚的短袖 T 恤。新产品的售价从原来的 900 日元提高到了 1200 日元。此前，授产设施的工作人员还对提高价格心存疑虑，但优秀的设计增强了他们的信心。而且，年轻的母亲们也非常喜欢这款体面实用的口水巾。

这三张表格是 TAKT PROJECT 的工作人员在指导设计人员实践时的独门“暗器”。开发团队成员应把产品设计的改进方案简明易懂地写在表格上，让不懂设计的人也能一目了然

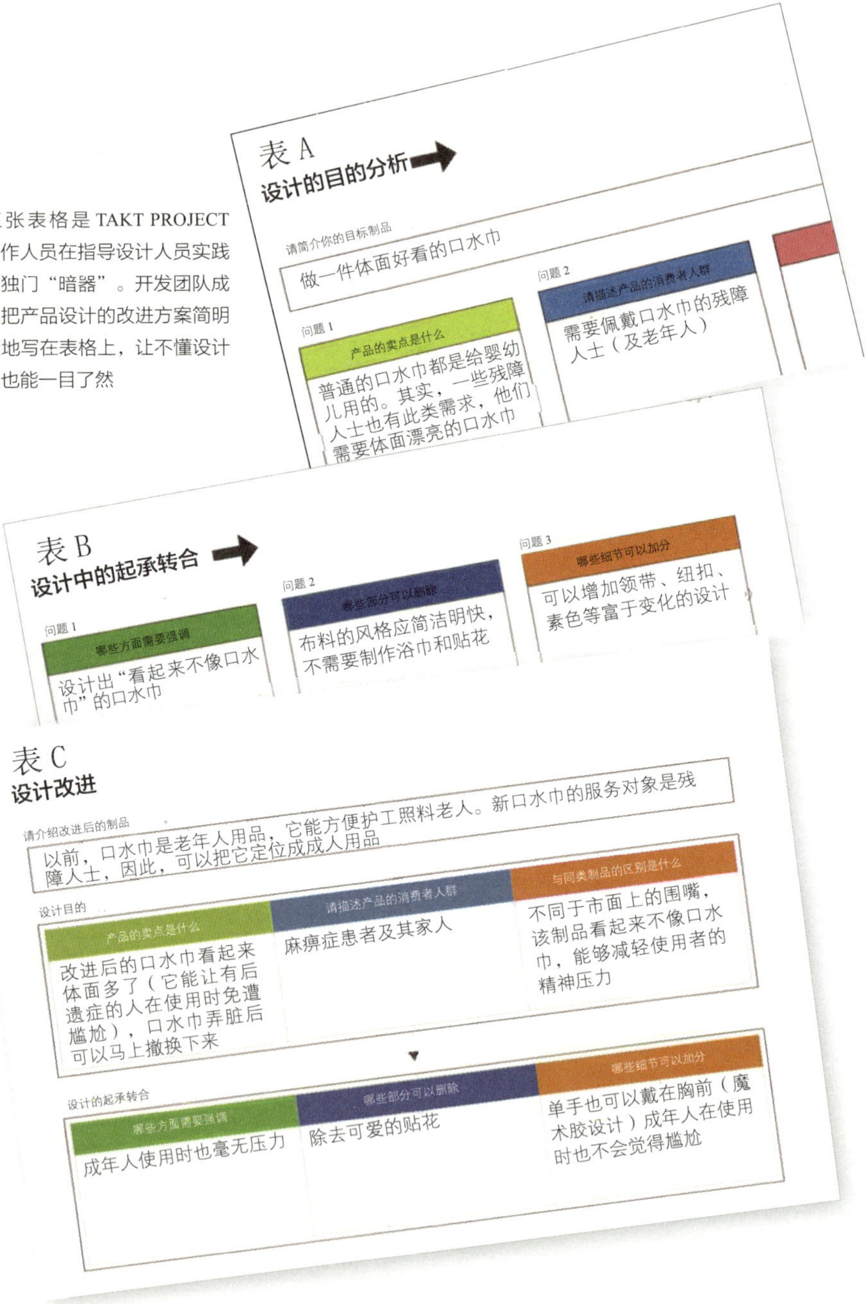

表 A
设计的目的分析

请简介你的目标制品
做一件体面好看的口水巾

问题 1
产品的卖点是什么
普通的口水巾都是给婴幼儿用的。其实，一些残障人士也有此类需求，他们需要体面漂亮的口水巾

问题 2
请描述产品的消费者人群
需要佩戴口水巾的残障人士（及老年人）

表 B
设计中的起承转合

问题 1
哪些方面需要强调
设计出“看起来不像口水巾”的口水巾

问题 2
哪些部分可以删除
布料的风格应简洁明快，不需要制作浴巾和贴花

问题 3
哪些细节可以加分
可以增加领带、纽扣、素色等富于变化的设计

表 C
设计改进

请介绍改进后的制品
以前，口水巾是老年人用品，它能方便护工照料老人。新口水巾的服务对象是残障人士，因此，可以把它定位成成人用品

设计目的

产品的卖点是什么	请描述产品的消费者人群	与同类制品的区别是什么
改进后的口水巾看起来体面多了（它能让有后遗症的人在使用时免遭尴尬），口水巾弄脏后可以马上撤换下来	麻痹症患者及其家人	不同于市面上的围嘴，该制品看起来不像口水巾，能够减轻使用者的精神压力

设计的起承转合

哪些方面需要强调	哪些部分可以删除	哪些细节可以加分
成年人使用时也毫无压力	除去可爱的贴花	单手也可以戴在胸前（魔术胶设计）成年人在使用时也不会觉得尴尬

“设计改进诊断书”的样本。从“需要强调的部分”“加分细节”“可删除的部分”等几个标准评判左侧改进前的产品，这样就会出现右侧改进后的产品。改进前，口水巾存在很多瑕疵。在“设计出看起来不像口水巾”的指导思想下，组员们把口水巾改制成了一件“衬衫”，可让使用者在使用时免遭尴尬

设计思维在 IT 行业中的应用：解决顾客没有意识到的问题

越来越多的企业运用设计思维制订出了为消费者服务的提案。研发、销售信息系统的 IT 行业对设计思维的应用尤为突出。本节将为你介绍富士通、NEC、东芝、三菱电机信息系统等 IT 企业的案例。为满足顾客需求，这些富有创意的 IT 企业用设计思维设计出的提案也越来越多。

六本木的讨论会场

富士通公司于 2013 年 8 月推出了一项可以调整工作方法的“UX 设计咨询服务”。该服务的信息系统可导入包括计划制订、画面展示、导入效果计算、测评等环节。其中计划制订环节就是运用设计思维设计出来的。富士通公司的设计师还邀请客户参加了研习会。讨论不仅让大家的价值观和目标达成了一致，还帮助大家制订了计划及前进方向。后期，咨询部门负责计划实施与功能导入，系统工程师负责把新功能导入信息系统。在设计师、业务咨询师和系统工程师的共同努力下，富士通共研发出了 25 个新项目。

为了加强与客户间的互动，富士通公司于 2014 年 9 月 10 日在东京六本木开设了一间名叫“HAB-YU 平台”的研习会会议室。与会者可以在此体验把构想变成现实的全过程。

工期为 1~2 个月

以设计师为主导

1

用设计思维制订总体构想

召开研习会

把理想变成现实

经过讨论，大家的价值观和目标达成了一致，制订出了计划及前进方向

工期为 1~2 个月

以业务咨询员为主导

2

把目标变成现实

选择现场解决方案

制订行动计划

描述现场，探求行之有效的解决方法和最终效果

系统工程师做主导

3

系统的开发和实施

完成课题整理、事前评估、操作计划等开发方针

富士通公司在实行“工作方式UX设计咨询服务”的最初两个月由设计师打头阵制订总体框架，其后的工作则由业务咨询员和系统工程师来推进

东京六本木地区的“HAB-YU 平台”是以设计师为主力军的“共创”战略基地。新价值、新课题、新解决方案都在这间会议室里相继问世 （照片：丸毛透）

“HAB-YU”的各种课题、构想与技术，都可以出现在富士通公司“解决问题→整合资源→创造价值”的设计活动中。“HAB”是人（Human）、地区（Area）和企业（Business）的缩写，“YU”是把这三者联系在一起的意思

“HAB-YU”在设计方案时使用的工具。上图为“设计经验卡”。卡片的正面记录了课题，背面写满了相应解决方案。这种卡片能让人明白该方案适合于解决哪一类的问题。下图为收纳讨论用办公用品的文具箱

“我们还研发出了研发产品原型的云环境，在公司里推广了设计思维。”富士通公司设计兼软件与服务设计业务部设计指导平野隆说。

HAB-YU 平台不仅可以用来举办研讨会和大型活动，还能作为设计思维的培训基地为企业培养出更多的人才。

设置 HDC 宣传员岗位，推广设计思维

坚持“设计要以人为本”理念的 NEC 公司为推广设计思维，在公司里增设了人性设计（Human Centered Design，HCD）宣传员岗位。2014年8月，公司把推行机制落到了实处。现在，全体员工都在积极地学习设计思维。HDC 这一理念与设计思维有异曲同工之妙。二者都是在以人为本的前提下，借助设计的力量把理想变成现实的。此外，NEC 公司还参与了城市建设和社会基础设施建设。

“HDC 宣传员由企划研发部的部长担任。现在，每个部门都有 1~2 名宣传员，全公司共有 50 名宣传员。他们负责宣传公司案例，促进了设计思维的普及与推广。”NEC 制造统筹总部设计战略负责人西川昌宏说。迄今为止，公司已经召开了近 20 次内部研讨会。会上，设计师会以讲师的身份向营业部的员工们传道授业。

NEC 公司曾参与过福冈市伊都地区的城建项目。由设计师、技术员和研究员等工作人员组成的研发团队先在现场做了实地考察，之后又邀请当地居

民参加了研习会。在意见经过整合后，大家都认为：基础设施系统研发是有价值的新课题。

“必须先认真地把所有方案都讨论一遍，才能保证下一阶段工作的顺利开展。”NEC 公司管理合作伙伴执行官兼设计业务部长马越正哲说道。

创建能够让设计师大显身手的机制

2012 年 4 月，东芝集团改组了设计部门，在设计中心增设了战略设计推进部和新业务设计推进负责人这一职务。如此一来，当公司遇到问题时，设计师就能及时地提出解决方案，带领公司走出困境。结果，该部门得到了全体员工的一致好评，为公司的发展壮大做出了巨大的贡献。

东芝集团也成了创新的受益者。它们运用设计思维研发了新产品、新服务、医疗器材及社会基础设施。为了加强与客户间的互动，东芝集团还特地准备出了一间交流用会议室。

设计思维注重交流与理解。设计师只有通过与客户交流，才能理解顾客的想法和意图。因此，交际能力也是判断设计师综合素质的一项标准。

“为了提高设计师的业务水平，公司也经常派他们去参加各种研习会。”东芝集团设计中心设计统筹部长小内克彦说。

具体活动	学习内容		目标	
新业务企划研习会		用户体验技术的基础教育	在新业务开发部门培养有创造力的人才	1
用户体验技术提高班（共创型企划提案）	设计出便于操作的页面		在 SI 业务中培养和顾客共创未来的人才	2
可用性教育（定义必要条件篇、设计篇、评价篇） 针对云服务策划的以人为本的设计			在包装、云服务开发部门培养能够策划批量生产产品的人才	3
			培养能够了解海外消费者心理的人才	4

此外，还有公司内部“以用户（人）为本的设计与开发”的技能认证考试

这是 NEC 公司为培养人才而实施的“人本设计”教学大纲。NEC 公司大力推行“人本设计”教育。设计部门和业务部门的工作人员都要参加学习

东芝集团以发展中国家的地区社区为对象，以探索新商机、培养人才为目的，在印度的农村与村民及当地 NGO 组织做了人种学现场研究，召开了研讨会

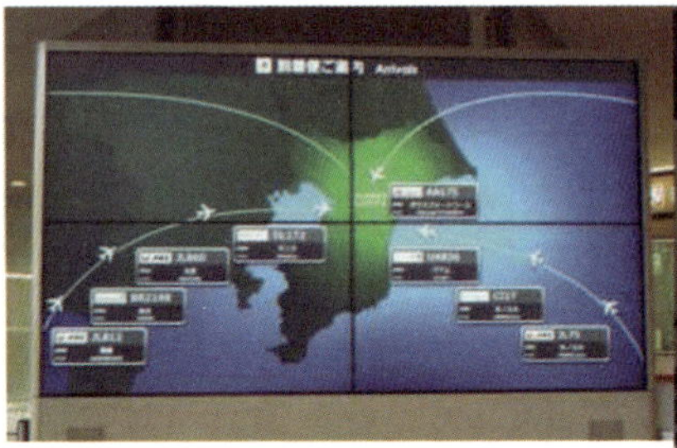

应用于成田机场的由三菱电机提供的数字标牌。这项服务可以让人们了解到飞机的实时起降情况。系统中还增设了导购广告，以便让旅客充分安排待机时间。右图为中部国际机场实证实验的实拍。一旦航班延期，屏幕上就会出现酒店住宿信息和可预约的房间数

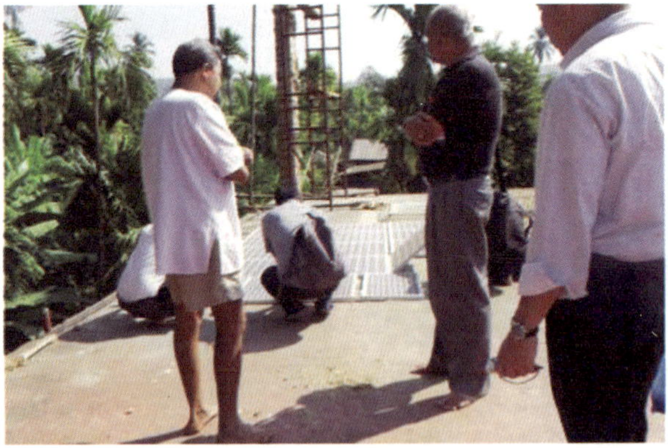

东芝集团还把目光投向了海外市场。为了在发展中国家的地方社区开拓业务，它们与印度农村的村民及当地 NGO 组织进行了人种学现场研究，召开了研讨会。东芝集团也希望能够为当地的经济发展贡献自己的力量。

把顾客利益放在首位的未来机场系统

三菱电机信息系统株式会社（MDIS）在为机场提供服务设施时，面向未来，积极思考，运用设计思维研发出了新数字标牌。该项目的启动时间是 2009 年，数字标牌在中部国际机场投入使用后，于 2012 年应用到成田机场。

“我们凭借经验思考新时代机场的服务需求，并对其进行了深入探讨。”MDIS 产业服务业务部 IT 咨询认证专家高梨郁子说。

研发团队是由设计师、工程师、研究员及业务员组成的。大家根据机场设施现状预测未来发展，共提出了 300 个备选方案。研发团队把构想附着在以“公共空间”和“私人空间”为纵坐标，以“旅客路过的地点”“机场设施”为横坐标的地图上，并结合社会环境、旅行出游、铁路运输等情况做了细致的分析。接下来，研发团队根据公司的现有技术判断了实施项目的可能性。最终，它们设计出了能够应对各种突发事件的信息系统。

“我们必须在提案中考虑到旅客们尚未发觉的问题。今后，设计师必将在更多的领域中施展才华，贡献力量。”兼任三菱电机设计研究所的 MDIS 技术部认证专家米泽绿说道。

デザイン。
シンキング

新时代的设计师

座谈会：天将降大任于斯人也

随着人们对设计思维关注度的提高，设计师的职责也发生了巨大的变化。今后，设计师不仅要会设计产品，还应具备解决社会问题、满足顾客需求的能力。

在推行设计思维的企业里，设计师的职责又发生了哪些变化呢？本社记者与老中青三代设计师探讨了新时代赋予设计师的新职责，听取了他们的意见。

这三名设计师分别是：曾在手机研发现场工作，现在依然在 NEC 中央研究所发光发热的创新家佐藤敏明先生；从索尼国际市场部门转入创新中心工作的设计调查员佐宗邦威先生；就职于雅虎公司、负责把讨论内容用影音形式表现出来的设计师清水淳子女士。

在设计挂帅的新时代，他们的工作具有无可比拟的重要意义。我们可以从他们的观点中窥探到设计师的新形象。

此外，IDEO Tokoy 公司的高管设计师石川俊佑先生与 Takram 公司的代表田川欣哉先生以“设计思维”为题展开了讨论。他们针对设计思维的流行背景、产品原型功能以及发展方向等问题交换了意见。

座谈会：设计师在新时代的职责是什么

见证设计化腐朽为神奇的一刻

清水淳子 雅虎公司UX设计师

佐藤敏明 NEC中央研究所创新家

佐宗邦威 索尼创新中心设计调查员

（照片：丸毛透）

设计师在设计思维广受关注的新时代的职责是什么？为了解答这个问题，本社记者邀请上述三名设计师参加了座谈会，希望能从访谈中得到答案。

记者：首先，请三位自报家门。

佐藤：2014 年 3 月之前，我一直在生产现场工作。现在，我调入了 NEC 中央研究所，从事展望设计工作。在走访了多家制造商之后，我选择在 NEC 做手机原型设计工作。2013 年，NEC 公司退出了手机市场，“MEDIAS W N-05E”双屏折叠机是我设计的最后一部手机作品。

现在，我所在的中央研究所企划创造团队中只有我一名设计师。我的工作就是把研究所的研究动态及时传达给公司其他部门的同事，并负责设计宣传方案。以前，搞研究是我的工作重心。现在，我的工作重心变成了理解顾客需求。我以视频的形式宣传研究动态，再结合提案把研究内容深入浅出地表现出来。通过调整表现手法与视点，争取领导与业务部门负责人的理解。

佐宗：我曾在消费品营销部门工作过很长一段时间。刚来索尼公司时，我就职于国际营销部门。后来，我去美国的伊利诺理工学院进修，学习了服务设计、UX 设计等课程。现在，我是创新中心的一名设计调查员。我的工作内容是了解消费者的需求，把握市场动向，用设计创造新的价值，通过设计提案贡献自己的力量。当设计师的想法和项目主管的意见不一致时，我就要想方设法地让双方产生共鸣。

我也参加过新业务部的创建工作；还与雅虎公司共同提出了黑客松企划案，负责过创意马拉松和黑客松的主持工作；在产品研发初期，我要向外部专家请教指导意见，征集参加大型会议的与会者提案。

清水：我是雅虎公司的 UX 设计师。我的工作就是把讨论内容以影音形式表现出来。影音能有效地指示讨论方向，推动会议的顺利进行。

我的工作并不只是把大家的意见整理出来那么简单，它和一般的设计有着很大的区别。在工作时，我要面对永无止境的修改和突袭式返工，这个过程虽然非常痛苦，但这就是新时代设计师的职责。为了让这种方式获得更多人的理解，我会积极地参加实践，主持各种会议。

佐藤：用影音表现提案，这真是一种别出心裁的表现形式。以前，我在涩谷 LOFTWORK 的会议上也见到过这种形式。

清水：它的第一个优点是能够迅速地把讨论和研习会的要义传达给大家。第二个优点是能把分散的意见和你一言他一语的讨论总结出来。开会时，同事们都非常积极，会提出很多意见。这种方法可以有效地呈现出大家的意见。我们经常用这种方式解决问题。过去，大家对设计的理解都是颜色、形状等狭义的设计。而新时代的设计师必须具备解决问题的能力。目前，项目主管和设计师之间隔着很多部门和人员，他们的存在影响了双方的沟通质量。我今后的工作目标就是为设计师制作出一张能够辅助他陈述意见的“概要图”。设计师可以带上这张图纸去见主管，把自己的想法准确地表达出来。

佐藤：拿图书设计来说，迄今为止，设计师们仅被要求把图书做得漂亮好看就行了。图书当然应该设计得美观精致，只有设计精美的图书才会有更广阔的市场。但现在最应该考虑的问题是图书行业的前景如何，而不是封面设计。因此，设计师应该用更开阔的视野看待问题。可以说，我们的职责已经发生了本质上的变化。

记者：要突破专业、领域的限制，用设计推动创新。不同的领域或部门在共享信息时应注意哪些问题？

清水：我在雅虎公司主要负责调查网络娱乐和上网方式等用户体验。想要了解用户的真实想法，只做问卷调查是不够的，必须深入了解用户的心声。然而，把顾客心声如实地传达给其他同事却非常困难。佐宗先生，你是如何处理这个问题的呢？

佐宗：其实，邮件或 PPT 是无法把顾客的想法生动地表现出来的。如何表现调查结果，是传达顾客心声的永恒课题。现场调查员很容易发现消费者的需求，但如果从事产品研发的设计师不参与调查，就无法研发出新产品。我认为照片比语言更具感染力，能生动地把顾客的心声表现出来。如你所说，我也认为照片和视频能把信息更准确地表现出来。

佐藤敏明

佐藤敏明

2006 年就职于 NEC 公司。在出任创新指导的同时，他还确立了以设计为中心的机制，是强化手机事业的领路人。现在他身兼双职，在 NEC 公司的中央研究所和业务创新战略总部以创新家的身份贡献着自己的力量。目前，他正从设计师的角度展望未来，促进用最先进的技术带动“知识界的超高层活动”

左图是近期的一个研发项目，意在为解决社会或企业间的差异性设计提案，提供解决方法。右图为佐藤先生于 2013 年开发的“MEDIAS W N-05E”双屏折叠机

清水淳子

清水淳子
出生于 1986 年，毕业于多摩美术大学信息设计专业。毕业后，她以 WEB 设计师的身份一边工作，一边在 np 广告学校学习把品牌与消费者联系在一起的策略构筑与广告设计。现在，她在雅虎公司出任 UX 设计师，正在从事名为“东京图像记录（Tokyo Graphic Recorder）”的个人活动，活动的内容就是向大家介绍该如何把讨论内容用插画的形式表现出来

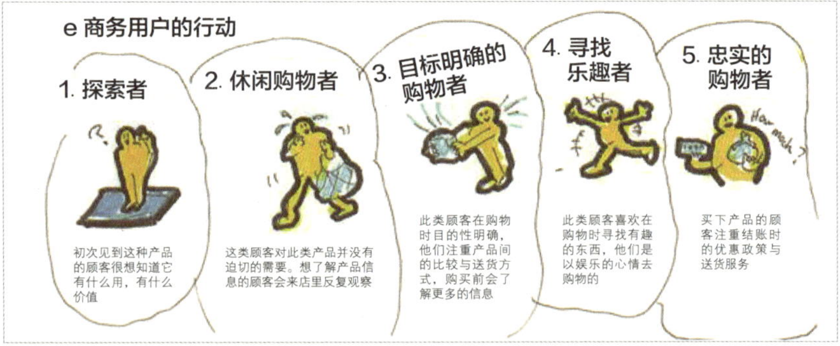

清水女士翻译了《目的性搜索》（*Designing Search*）这本书，又把书中的主要观点在公司内部的学习会上以影音的形式表现出来。上图的“e 商务用户的行动”就是其中一例

佐藤：我认为只有走出去才会有新发现。正所谓“纸上得来终觉浅，绝知此事要躬行”。与其向大家转述你的见闻，不如带大家走出去看看外边的世界。

佐宗：现场调查更容易让设计师找到灵感。然而，想把这些想法转达给同事们，就需要花费大量的人力和物力，而且转述也不利于方案的实施。设计思维能让人从办公室里走出来，在现场发出“这才是工作”的感叹。管理者也应该为大家提供容易产生灵感的环境，让人大胆地说出平时不敢在办公室里说的话，让更多的好点子奔涌而出。

清水：还有，为什么在征询用户体验时，设计师只能得到模糊的答案，而市场调查员得到的答案却非常明晰呢？

佐宗：调查员和设计师在处理同一个问题时的侧重点是不一样的。我在留学时也选修过设计课，并做过课堂发表。可同学们却觉得我的发言相当无聊。当时我还以为是因为我收集到的数据不够充足，所以才不被大家认可的。后来我才明白，原来市场调查不仅要收集大量的数据，还要对数据做出判断。可见，市场调查员关注的是数据的正确性和理解角度，需要的是可靠信息。但设计师却需要在数据的基础上设计出令人耳目一新的方案。因为没有新方案，就没有新产品。

佐宗邦威

佐宗邦威
2008 年就职于索尼公司。2012 年在美国的伊利诺理工大学参加进修，学习了 Institute of design、master of design methods 等课程。现在，他在创新中心为公司贡献着自己的力量。他本着以人为本的设计理念，在共创型研习会上以主持人的身份主持了公司内外的商务设计产品化会议，将产品的生产提上了日程

左图为两家公司的职员以小组合作的方式共同探讨设计方案时的实拍。右图为佐宗先生在 2014 年 7 月召开的“Yahoo！ *Sony 创意马拉松”会议上，向与会者介绍索尼公司的新业务

在索尼公司于 2014 年 8 月开设的“SAP 创作室（SAP Creative Lounge）”召开的座谈会。它为公司内外人才提供了能够互相交流和做实验的场所。为投身于新业务的职员提供强大保障的“索尼种子加速项目（Sony Seed Acceleration Program）”也是其中的一项设施

清水：市场调查员是那种得不到准确的信息就会被批评的职业吗？

佐藤：也不光是市场调查员，其他职业的人如果达不到客户要求，也会被批评。在我的研究所里，研究人员从不做无用功，都在很认真地工作着。可是，设计现场的无用功是不可避免的。就拿向其他同事介绍方案来说，真的是台上一分钟，台下十年功。大家看到的可能只是一张讲解图，但我们在私下里却画出过成百上千套讲解图。对我来说，那些作废的讲解图也能让我获得成就感。

记者：你们能给难以推出新服务的市场营销部门出个好点子吗？

佐宗：在介绍意见或方案时，直观形象的插画较之抽象的语言更具优势。只靠语言描述可能很难把你的想法准确地传达给对方。

清水：“办公”一词会给人一种万事都要做得井井有条的感觉。但只有设计师才能体会到把未知变成现实的快乐。

佐藤：市场调查员和工程师追求的是准确度，他们需要毫厘不差的结果。但设计师的目标并不是精准，而是方案或想法的优劣。

佐宗：以前，我在其他公司做市场调查员时，只能向大家公布准确的信息。所以当我听说消费者是按照电视广告的优劣来选择产品时，我甚至还问出了“消费者对广告优劣的评判标准是什么”的可笑问题。后来我才意识到：原来世界上除了对错之分，还有优劣之别。

清水：研发产品不仅要靠逻辑判断，还要注重“优劣”等感性的直觉。重理性轻感性就会让研发走上歧途。

佐宗：在正确与否的基础上加入优劣体验，这是研发新产品、推出新服务的关键。有 90% 甚至是 99% 的部门看重的都是数据的正确性，而设计师的职责就是唤起人们对优劣的关注。

佐藤：现在，设计师也经常参与公司的对外宣传及与消费者交流等工作。如果设计师能在这些活动中说出自己的观点和意见，就能给听者带来新的启示。我们也将迎来一个以设计师为主导的新时代。

访谈：新时代的设计方向

IDEO 公司 Tokyo 的高管设计师石川俊祐先生与 Takram 公司的代表田川欣哉先生围绕“设计思维”展开了对话。他们针对设计思维的流行背景、产品原型功能以及发展方向等问题交换了意见。

田川：我们在运用设计思维时，会根据实际情况对其加以改进。注重细节的我们把设计思维理解成“批判性思考”，并将其视为一种很重要的思考方法。

石川：这两种思考的共同之处就是注重实践。设计思维是一种先假设后验证的思考法。它要求设计师与同事们先合作出产品原型。有了设计思维，原本要用一年才能研发出来的产品，现在只需要三个月就能完成。设计师必须在不能预知消费者心理的情况下，凭借准确的判断为新产品研发贡献力量。

设计思维指明的

田川欣哉

takaram 设计工程的公司代表，1976 年生人。他在东京大学工学部机械信息系毕业后，又去英国 RCA 进修了硕士课程。回国后，他曾从事过前卫设计领域的工作。2006 年，他创立了 takaram 设计工程公司。

（照片：谷本 夏）

田川：最近，越来越多的非设计专业人士也对设计思维表现出了浓厚的兴趣。其中，商务人士对它的关注尤为明显。以前，游戏和手机是两个不搭边的行业。但技术的进步使二者的结合成为了可能。现在，设计师要考虑的不是 CPU 处理器和解析度的问题，而应该思考如何才能为大众提供更好的使用体验，以创造出价值。

此外，互联网的普及也增加了人们接触新事物的机会。在这个科技能把理想变成现实的时代，如果一家企业不具备勤于思考、勇于创新、积极向上的精神，就很难在这个时代拥有立足之地。因此，以假设为主导，用产品原型做验证的设计思维得到了人们的广泛关注。

设计发展方向

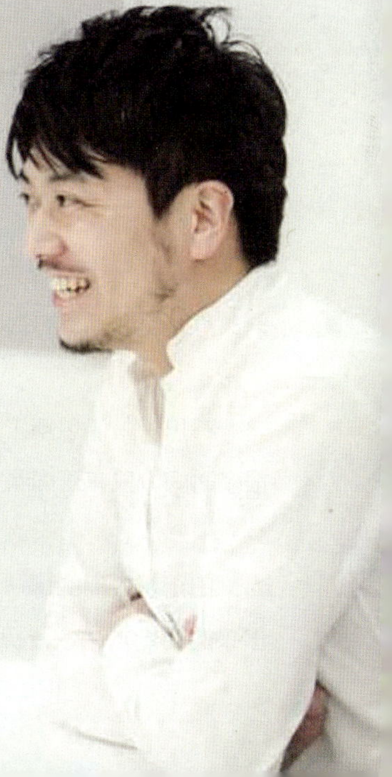

石川俊祐

IDEO Tokoy 高管设计师，1977 年在神奈川县出生，毕业于英国中央圣马丁艺术与设计学院。他不仅从事过室内设计领域的工作，还有在英国咨询公司工作的经历。2013 年，他开始了新的职业生涯。

石川：创建假设其实是进行具有自觉性的联想，所以用当事人的视角看问题就会有更多的收获。不过，设计思维并不是万能的，争论方法的优劣也没有意义。在实践时，只有了解工具和各阶段的特点才能选择出正确的工作方法。如果只是改良既有产品，也可以直接做问卷调查，那才是通往目的地的捷径。

新方法“社会调查”

田川：我们在工作时，首先会调查委托方的领导和在生产一线工作过五年的职员。我们会针对同一个问题比较双方给出的答案。此外，我们还会征求专家意见，进行人种学现场研究。最近，我们在分析大家在社交网络上的状态和留言。这些社交网站其实是人们交流感情的地方。虽然人种学现场研究能表现用户形象，能了解用户的社会背景。但社会调查更能有效地收集到用户对某事的看法和态度，对用户做出更准确的判断。

注意，一定要成为工具的主人，不要被动学习。被动学习会为工具所累，背离使用工具的初衷。

石川：人们想用工具办公，首先要学会其使用方法。但学习也需要花费很多时间。只有正确看待工具的价值，才能让它在工作中物尽其用。

田川：人们的想法会随着年龄的增长而改变。社会调查是公司新人研发出来的调查方法。最初，我也不看好这种方法，但试用之后，我发现它能收集到用其他方法收集不到的信息。可见，实践是检验真理的唯一标准。它的确是一种行之有效的好办法。

石川：你们在验证设想的基础上形成的企业文化和 IDEO 公司所追求的理念是一致的，它也是设计思维提倡的一种实践方法。我们参与了非洲的扶贫项目、为学校设计出了物美价廉的午餐企划案。比起物质上的援助，IDEO 公司更注重用既有经验创造价值，搭建有创造性的平台，让人们的行动变得更加积极向上，让未来变得更美好更值得期待。现在，很多企业都希望我们能为它们培育出更多具有创造力和想象力的新型人才。

田川：你们培养人才的具体措施是什么?

石川：我们不提倡“替客户排忧解难”，而主张“和客户并肩战斗”。我们让培训者与客户组成小组，体验 IDEO 公司的工作风格。通过体验，培训者既能认识到新方法的可行性，也能检测出自己的业务水平。于是，这些培训者在回到原单位之后，就可以组建新的业务部门，成长为可以为公司带来希望的业务骨干。

都说日本企业注重等级制度，其实日本企业的工作环境并没有人们想象得那么严苛。业务员、技术员、设计师组成的工作组也研发出了不少新项目。

挑战未知

田川：Takram 公司非常注重开发设计师的潜力。近两年来，我公司的设计师和工程师在推出高精尖产品和服务的同时，也在很多新领域取得了成绩。我们为企业打造品牌，为电视台策划节目，诸如此类的项目还有很多。

石川：你们为什么要去挑战那些以前没有做过的项目呢?

田川：因为做这些项目可以提高设计师的现场思考能力。当遇到前所未见的问题时，设计师必须在现场想出解决方法。因此，他必须全力以赴地去探索未知世界，失败了就从头再来，把经验变成财富，这才是挑战新领域的价值所在。经常探索新领域能让设计师在短期之内与一线专家交流经验，用最短的时间做出最好的产品。长此以往，设计师就会拥有“无中生有”的能力。我们公司经常让员工们去参加新项目的研发，其目的就是为了让大家成为“没有专业的专家”。

石川：能够享受“摸着石头过河”的乐趣是非常难能可贵的。很多客户在回顾研发过程时都会说：“从调查到研发的整个周期都让人觉得惴惴不安。”“虽然不知道结果如何，但过程体验却让我觉得很有意义。”不过，我们的员工在结果未卜的调查阶段就能预测出发展趋势。而且，正因为前景难料，所以过程中才充满了挑战。如果研发团队成员能有这样的觉悟，研发过程就会变得有趣多了。

田川：最坏的情况莫过于畏缩不前，浪费时间。遗憾的是，很多企业都存在这样的问题。

创造利于提案的环境

石川：也有很多在紧张的环境下制作出来的无法改进的产品的例子。如果研发团队人员能从产品原型中积累经验，就能从失败中获取新知。即使失败了，大家也能一起面对，从头再来。在构思时不要急于评价方案的优劣。要把研发的各个阶段分开进行，例如，这个阶段只去构思，下一个阶段再去讨论方案的优劣，这样就能创造出一个易于孕育出新方案的环境。

田川：很多企业都喜欢在企划的最初阶段设计出完美的执行方案，如果没有必胜的把握，它们就不会启动项目。正所谓过犹不及。很多聪明人都明白未雨绸缪的道理。所以他们认为把所有的可能性都考虑进来，再做提案就一定能成功。例如，他们可能会提出“创建一个能让人们写下 140 字状态的网站”的方案，但最终却没有获得批准。

近年来，软件行业的长足发展表明，先推出试行软件，再根据用户反馈进行改进的方法是可行的。后来创客运动把软件行业的成功经验应用到了硬件改良上。结果，硬件行业也发展得风生水起。随着社会的发展，创新方式和人才培养方式也发生了相应的变化。这种变化就是从事前的验证变成了事后的改进。这种处理方法已经成了硬件改良过程中的关键。

石川：只坐在办公室对着 Excel 表格纸上谈兵是不会成功的。在了解客户需求和研发项目时，设计师会对目标产品产生强烈的直觉。因此，其他员工也要对自己的想法有信心。这会让工作朝着好的方向发展。以人为本，在加深对技术和商务理解的同时，深化合作、勇于探索，把理想变成现实的过程是研发新产品时必不可缺的环节。

田川：虽然用抽象思维做分析很重要，但学会试错更重要。我们公司注重在短期之内做出成绩。只要有了产品原型，我们就能把抽象的讨论转变成言之有物的现实。设计思维不就是介于抽象与形象之间，把项目改进得更好更完善的工作方法吗？

后记

“设计思维”容易被误解为设计师的御用思考法。其实，企业的经营者和业务主管才是最应该掌握它的人。

由于业务部和设计部是两个部门，所以常给人一种隔行如隔山的感觉。不过，从今往后，这两个部门之间将不会再有这样的隔阂。现在，越来越多的企业为了摆脱因循守旧的研发方式，都向设计师发起了求助。

提高工作效率固然重要，但有时候付出了却不见得一定会有回报。此时，能让企业趋吉避凶的只有设计思维！如同书中所记录的那样，设计思维也给传统型企业带来了希望。

不过，若仍将设计部和业务部区别对待的话，即使导入了设计思维，企业也不会出现任何转机。因此，企业经营者和业务主管必须学习和设计有关的专业知识，设计师也应该提高业务修养。只有让双方互相了解，才能让设计思维在实践中发挥作用，让企业充满创造力与活力。

今后，创造力将成为企业的生存之道。而设计思维也能为企业培养出未来社会所需要的人才。如果每个员工都能掌握设计思维思考法，并将之应用于实践，那么，拥有这样的员工的企业必将强大无比，无坚不摧。可见，企业经营者应该马上行动起来，创造出能够培养新型人才的环境。

最后，本社全体成员要对配合我们取材的各家企业真诚地说一声：“谢谢！”

日经设计编辑部

译者后记

去年，我连续接手了两本书的翻译工作。这两本书主要都是在讲创新让企业充满了动力与活力。可见，在供过于求的年代，如何在设计思维的帮助下为企业找到新出路，如何用新思路指导工作，已经成了人们共同关注的问题。

究竟什么叫“以人为本”，如何才能把口号落到实处，这是值得思考的问题。在翻译这两本书的过程中，我切实地理解了“以人为本”的意义。从企业与客户与市场的关系来说，“以人为本”就是从消费者利益出发，用消费者的视角看问题，以消费者的需求作为新产品研发的出发点。这个理念能够让人扭转过去的老思路，凡事都从根本上做调整，这样推出的产品与服务能更好地服务消费者，满足消费者的需求。

在翻译的过程中，我也对设计思维形成了初步的认识。并用这种思考法为我所在的城市的一家大型全国连锁超市提出了改进意见。2016 年圣诞节，我在那家超市发现了一处设有麋鹿和圣诞老人的圣诞角。这样的设置当然是为了烘托节日气氛，刺激消费者的购物欲。在圣诞老人的雪橇上还能看见包装精致的巧克力。这样的设计给我一种不伦不类之感。首先，超市没有理解圣诞节的意义，也并不知道过圣诞节是要吃火鸡的。而巧克力是情人节的热销商品，不应该在出现在圣诞节主题中。这样的设计很难让来店的顾客产生共鸣，当然也不会想要购买商品。另外，中国人对圣诞节的理解并不是很深刻，每到平安夜，大家都会买上几斤苹果送给亲朋好友，以图平安。不过，平安夜送苹果是中国人自己的创造，和西方的圣诞节习俗并没有关系。因此，我认为在圣诞节的文化意义尚未普及的情况下，超市的促销方式是非常失败的。在我看来，这处圣诞角的设置没有必要，应该把它设置成推广超市自产商品的宣传角。这家超市有很多自产商品，为了分类方便，它们一直把自产商品和一般商品混放在货架上。然而，自产商品由于没有知名度，所以和其他经常在电视上做广告的品牌商品放在一起是没有竞争力的。尽管自产商品很便宜，但是顾客也不敢买来路不明的商品。所以，应该把超市的自产商品单独陈列在一处货架，这样既节省了广告费用，又能让顾客很容易就比较出自产商品的价格优势。我在当年 12 月末向该超市提出我的建议，2017 年 3 月我再去超市时，发现圣诞角已经变成了自产商品角。看来超市的经营者也意识到了创新的必要性，采纳了我的意见。

其实，“以人为本”这个理念早已有之。在古时候，这种思想就是孟子的“民本说”，即，“民贵君轻”思想。而到了唐朝，李世民也用舟与水的关系来比喻政权和人民的关系。凡是进步的、对社会有推动作用的创新出发点都是满足百姓的需求。

所以，无论时代如何发展，人们的观念发生了如何的变化，“以人为本”的理念永远不会过时。我们只有时刻牢记自己的服务对象以及他们的需求，才能找到工作的前进方向，在创新过程中从服务对象的意见与心声中汲取源源不断的力量。

由于时间仓促，译者水平有限，译文也会存在瑕疵，欢迎大家指正，提出宝贵意见。你们的支持与指正也是我前进的动力与方向。感谢你的阅读，希望本书能为你的工作注入动力，提供参考。

袁光

北京阅想时代文化发展有限责任公司为中国人民大学出版社有限公司下属的商业新知事业部，致力于经管类优秀出版物（外版书为主）的策划及出版，主要涉及经济管理、金融、投资理财、心理学、成功励志、生活等出版领域，下设“阅想·商业”“阅想·财富”“阅想·新知”“阅想·心理”“阅想·生活”以及“阅想·人文”等多条产品线。致力于为国内商业人士提供涵盖先进、前沿的管理理念和思想的专业类图书和趋势类图书，同时也为满足商业人士的内心诉求，打造一系列提倡心理和生活健康的心理学图书和生活管理类图书。

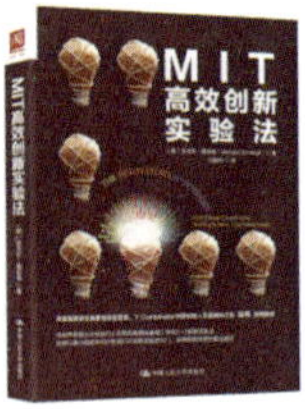

《MIT高效创新实验法》

- 百度集团前总裁兼首席运营官、Y Combinator 中国创始人及首席执行官陆奇倾情推荐。
- 经世界各国企业检验行之有效的美国麻省理工学院 5×5 创新实验法。
- 助你以最小的成本代价快速打开创新实验的大门，获得创新投资的最佳途径。

《商业模式设计新生代：如何设计一门好生意》

- Business Models Inc. 大中华区执行总裁、战略设计师倾力推荐。
- 全球 50 位精英创业家、战略设计师和思想领袖手把手教你设计出一门持续赚钱的好生意。

《如何开发一个好产品：精益产品开发实战手册》

- 风靡全球的精益产品开发理念。
- Facebook、微软等世界知名公司的产品培训师倾情之作。
- 硅谷精益产品开发领域明星人物为你全面解析如何开发与市场适配的爆款产品。

《机遇变现：发现下一波商业创新模式》

- 可口可乐、惠普、洲际酒店、雅诗兰黛等知名跨国企业联名推荐。
- 战略创新加商业设计思维加视觉思维，帮助企业绘制新增长路线图，抢占未来市场先机。

《零售无界：新零售革命的未来》

- 面对行业剧变的零售界经营者的生存指南。
- 加拿大销售专家帮你了解和建立新型零售生态系统。

《商业模式创新设计大全：90%的成功企业都在用的55种商业模式》

- 深入研究50年来最具革命性的商业模式创新案例。
- 详尽解读世界上最赚钱的55种商业模式。
- 欧洲顶级商学院商业模式创新最新前沿研究成果。

《重新定义流程管理：打造客户至上的创新流程》

- 企业业务流程创新的经典之作。
- 颠覆传统流程设计模式。
- 助力企业打造世界级的、以客户为中心的业务改进计划。
- 使创造 99% 价值的流程得以实施。

《精益创业：打造大公司的创新殖民地》

- 微软精益创业培训，湖南卫视专题报道，北大创业营推荐。
- 埃里克·莱斯精益创业理念的落地与实践。
- 帮助企业消除内部创新的“绊脚石”，释放企业创新创业的无限可能。

《颠覆传统的101项商业实验》

- 101 项来自各领域惊人的科学实验将世界一流的研究与商业完美结合，汇集成当今世上最绝妙的商业理念。
- 彻底颠覆你对商业的看法，挑战你的商业思维底线。
- 教会你如何做才能弥补理论知识与商业实践之间的差距，从而树立正确的商业理念。